手绘训练营

室内设计 手绘表现技法

◎ 麓山手绘　编著

U0386480

机械工业出版社

本书以室内设计表现为核心，结合室内设计家具单体、家具组合、室内空间手绘步骤解析全面地诠释了室内设计手绘的表现技巧。

本书共分为 11 章。第 1 章介绍了室内手绘概述及手绘工具的选择；第 2 章讲解了手绘基础线条与明暗关系的表现；第 3 章讲解了手绘透视与构图原理；第 4 章讲解了色彩的基础知识与材质的表现；第 5 章讲解了室内家具线稿单体训练；第 6 章讲解了室内家具单体上色表现；第 7 章讲解了室内家具单体组合线稿训练；第 8 章讲解了室内手绘组合上色表现；第 9 章讲解了室内局部空间手绘效果图表现；第 10 章讲解了室内空间手绘效果图表现；第 11 章介绍了一些优秀效果图。

本书具有很强的针对性和实用性，可作为相关专业的手绘表现教材，也可作为广大手绘爱好者、相关从业者的自学教程。

图书在版编目（CIP）数据

手绘训练营：室内设计手绘表现技法：2015修订版/麓山手绘编著. —北京：机械工业出版社，2016.8

　　ISBN 978-7-111-54409-8

　　Ⅰ. ①手… Ⅱ. ①麓… Ⅲ. ①室内装饰设计—绘画技法—教材
Ⅳ. ①TU204

中国版本图书馆 CIP 数据核字 (2016) 第 174571 号

机械工业出版社（北京市百万庄大街 22 号　邮政编码 100037）
责任编辑：曲彩云　　　责任校对：贾丽萍
印　　刷：北京兰星球彩色印刷有限公司
2016 年 8 月第 1 版第 1 次印刷
184mm×260mm　·　23 印张　·　560 千字
0001—5000 册
标准书号：ISBN 978-7-111-54409-8
定　　价：79.00 元

前 言
PREFACE

❑ **关于室内手绘**

室内手绘是用图示语言做文章，用最快速、最简练的方式将设计方案和思路表现出来的一种方法。室内手绘对室内设计及相关专业的学生或从业者是必备的技能之一，手绘在现在的设计中有着不可替代的作用和意义。

❑ **本书编写的目的**

随着艺术设计的进步，现在许多设计人员更倾向于手绘效果图。作为一名设计师，手绘是设计师最强大的"武器"之一，设计师可以将脑海中的抽象思维通过手绘呈现于纸上。手绘的主要意义在于可以让设计师更快捷地表达设计思想，克服计算机制图的种种不便。因此本书编写的目的就是为了帮助设计领域的朋友和室内设计及相关专业的学生了解室内手绘效果图的表现手法与表现步骤，并且可以使读者更好地掌握塑造形体的能力。

❑ **本书特色**

本书内容丰富全面，讲解清晰，示范步骤条理分明，用简洁的文字结合丰富的案例说明问题。以期望读者能够快速地掌握手绘表现技法，并且在短时间内就可以使自己的手绘表现水平得到较大的提高。

❑ **本书内容**

本书共分为 11 章。第 1 章介绍了室内手绘概述及手绘工具的选择；第 2 章讲解了手绘基础线条与明暗关系的表现；第 3 章讲解了手绘透视与构图原理；第 4 章讲解了色彩的基础知识与材质的表现；第 5 章讲解了室内家具单体线稿训练；第 6 章讲解了室内家具单体上色表现；第 7 章讲解了室内家具单体组合线稿训练；第 8 章讲解了室内家具组合上色表现；第 9 章讲解了室内局部空间手绘效果图表现；第 10 章讲解了室内空间手绘效果图表现；第 11 章介绍了一些优秀效果图。

❑ **本书作者**

本书由麓山手绘编著，具体参加编写的有：陈志民、江凡、张洁、马梅桂、戴京京、骆天、胡丹、陈运炳、申玉秀、李红萍、李红艺、李红术、陈云香、陈文香、陈军云、彭斌全、林小群、刘清平、钟睦、刘里锋、朱海涛、廖博、喻文明、易盛、陈晶、张绍华、黄柯、何凯、黄华、陈文轶、杨少波、杨芳、刘有良、刘珊、赵祖欣、毛琼健等。

由于编者水平有限，书中疏漏与不妥之处在所难免。在感谢您选择本书的同时，也希望您能够把对本书的意见和建议告诉我们。

作者邮箱：lushanbook@qq.com

读 者 群：327209040

麓山手绘

目　录

第 1 章

室内手绘概述及工具的选择

本章讲解了室内手绘概述和绘图工具的选择，通过对手绘专业知识的深入了解，为学习室内手绘打下良好的基础。

1.1 室内手绘的概念

　　手绘，是一个广义的概念，是指依赖手工完成的一切绘画作品的过程。现代室内设计手绘，是一种特指，即是设计师用绘画手段所完成的平面、立面、剖面、大样图及其空间透视效果等与设计方案相关的一切图纸（如下图所示）。

1.2 室内手绘的作用与意义

　　室内设计是指为满足一定的建造目的（包括人们对其使用功能及视觉感受的要求）而进行的准备工作，是对现有的建筑物内部空间进行深加工的增值准备工作。目的是为了让具体的物质材料在技术、经济等方面及在可行性的有限条件下能够成为合格产品的准备工作。室内设计既需要工程技术上的知识，也需要艺术上的理论和技能。

　　快速手绘效果图是设计师在接单设计时，思维最直接、最自然、最便捷和最经济的表现形式。它可以在设计师的抽象思维和具象的表达之间进行实时的交流和反馈，使设计师有可能抓住转瞬即逝的灵感火花。快速手绘效果图是培养设计师对于形态分析理解和表现的好方法，它是培养设计师艺术修养和技巧行之有效的途径。

　　在计算机绘图为主流的今天，手绘快速表现更是设计师激烈竞争的法宝。在设计构思时快速勾勒大脑中的灵感，形象地推敲，是计算机软件无法做到的。加强手绘练习可以提高设计师的艺术修养，是优秀设计师应具备的功底。

1.3　手绘图的表现类型

手绘学习者要想迅速提高自己的手绘表现技法能力，不仅需要具备必要的美术基础，还需要学习相关的景观和建筑专业基础知识。手绘表现服务于设计，以其独特的艺术语言形式表现设计者的思维。手绘表现的形式有很多种，基本上可以分为以下几种。

1.3.1　写生手绘图

手绘者在学习初期可以通过写生和临摹照片来练习手绘，通过写生和临摹理解建筑室内空间形状与透视关系、明暗和光影关系之间的联系，提高处理整体画面黑白灰层次的对比、虚实对比的能力。

写生的过程中，手绘者一定要注意把握空间的主次关系，去繁从简，突出画面的主体，准确地表现出物体的主要特征并加以高度的线条提炼。

1.3.2 设计方案草图

　　草图是设计师设计方案时对空间的最初感知和想法与最初设计思维的概括，存在着一些不确定的因素，不是设计师最终的设计想法。设计草图可以快速地让客户了解设计师的设计思路，从而能使他们更好地进行沟通。

　　设计草图的特点是快而不乱，表达概括而清楚。学习设计手绘要养成勾画设计草图的习惯，这不仅能够使手绘者更好地掌握表现设计思路的手绘技巧，为设计者提供更多的创意灵感，还可以练习手绘线条，优美的线条更能体现设计师的艺术修养。

1.3.3 表现性手绘效果图

　　绘制表现性手绘效果图是设计师手绘草图深化的一个过程，它能更准确、真实、统一地表现设计师的设计方案。表现性手绘效果图确定了空间关系的形体、比例、基调、格局等，以独特的形式展示给客户看。这种手绘图形式与手绘者的绘画、设计水平有着直接的联系，这就需要初学者对手绘知识与技能进行长期学习和练习。

1.4 绘图工具及其特性

手绘类的绘图工具和材料多种多样，如马克笔、会议笔、钢笔、水彩、彩铅等，本节着重介绍几种常用的工具。

1.4.1 黑白表现笔类

黑白表现即线稿绘制，这是手绘效果图中重要的组成部分之一，下面介绍几种常用的作图工具。

1. 绘图铅笔

绘图铅笔笔芯质地较软，对纸张硬度及绘图用力程度非常敏感，并能由此产生出丰富的黑、白、灰变化效果，因此，仅用几支绘图笔便能描绘出画面结构及光影变化。我们所说的素描便是利用了绘图铅笔的这种特性。

■提示：对于刚接触手绘的初学者来说因为需要大量的练习，所以并不需要使用太昂贵的针管笔，笔者推荐使用晨光牌的会议笔练习即可，各地文具店都有销售，物美价廉。

2.　钢笔

钢笔能画出统一粗细或者略有粗细变化的线条效果，丰富的线条变化能够表现室内家具及装饰的形体轮廓、空间层次、光影变化和材料质感。

3.　针管笔

针管笔是手绘表现中常用的工具之一，由于粗细型号多样，用一支笔就可以画出变化丰富地富的线条，并且比较上两种工具而言更易于表现画面和熟练掌握，所以在手绘表现中是最常用的工具。

4.　美工笔

笔头弯曲，可画粗细不同的线条，书写流畅，适用于勾画快速草图和方案。

5.　草图笔

草图笔又称"速写笔"，顾名思义就是设计师勾勒设计方案草图用的笔，它的特点是运笔流畅，画图后笔记干得快，深受业界人士喜爱。

可以选择派通的草图笔，粗细可控。

6. 走珠笔

走珠笔是建筑手绘中最常用的工具之一，由于粗细型号多样，被建筑专业的从业者广泛使用。这种笔也是我们平时练习中最常用的工具。

美工笔   草图笔   走珠笔

1.4.2 色彩表现笔类

效果图表现中最重要的就是色彩了，接下来介绍几种常用的色彩工具：

1. 彩色铅笔

彩色铅笔（简称彩铅）作为一种表现工具，往往与透明水色、水彩、水粉以及马克笔等绘图工具同时使用，能为画面增添更多表现魅力。

彩色铅笔种类很多，主要分为水溶性和非水溶性两种，一般来说水溶性彩色铅笔含蜡较少，质地细腻，通过彩色铅笔色彩的重叠，可画出丰富的层次。

彩色铅笔的颜色具有透明特色，在作画时一支铅笔的色调覆盖在另一支铅笔的色调上，能产生出新的色调效果。而且彩色铅笔易于掌控、不易擦脏、经过处理以后便于携带和保存。

常用的彩色铅笔品牌有辉柏嘉、马可、施德楼等，这里选择市面上性价比较高的一款辉柏嘉彩铅制作了一张 48 色色卡，可供读者了解和参考。

| 404 | 407 | 409 | 452 | 414 | 483 | 487 | 478 |

476	480	470	472	473	467	463	462
466	461	457	449	443	451	453	445
447	454	444	437	435	434	433	439
432	430	429	427	426	425	421	419
418	416	492	499	496	448	495	

2．马克笔

马克笔具有色彩丰富、着色简便、成图迅速、易于携带等特点，因此深受广大设计师的欢迎，尤其是用于手绘图，更显示出其他作图工具无法比拟的使用优势。

马克笔分为水性、油性、酒精性。

● 油性马克笔

油性马克笔快干、耐水、而且耐光性相当好，颜色多次叠加不会伤纸。

● 水性马克笔

水性马克笔颜色亮丽有透明感，但多次叠加颜色后会变灰，而且容易损伤纸面。用蘸水的笔在上面涂抹的话，效果跟水彩很类似。

● 酒精性马克笔

酒精性马克笔可在任何光滑表面书写，速干、防水、环保，在设计领域得到广泛的应用。

■推荐：室内手绘我们推荐酒精性的马克笔，市面上比较广泛销售的是 Touch 三代的马克笔、美国三福牌的马克笔和美国 AD 牌的马克笔，这几类笔的效果依次递增，AD 牌的马克笔效果最好，但是也最昂贵，三福牌的马克笔次之。因为室内手绘表现需要的色系较多，所以在需要大量练习的阶段建议购买物美价廉的 Touch 三代马克笔。

■提示：因为是酒精性的马克笔，所以容易挥发造成马克笔没有"墨水"的情况，在这种时候只要在笔头处注入一些酒精，马克笔就又可以使用了。

3. 水彩

水彩画是一种水溶性胶质颜料绘制而成的画。水彩含粉量低，水色透明，且由于其易于扩散、融合与叠加的特性，使得水彩画具有朦胧、抽象的美感。

水彩画的特性概括起来有以下两个：

▶ 水：水彩画不同于其他画种的最大特点在于它"水"的特性。水彩画由于水的大量介入，造成了许多互渗的偶然效果，使水彩画产生特殊的轻快感和趣味性，形成了不同于其他画种的特性。但水分的运用和控制往往是水彩画中最难掌握的。水分用得好，可以表现画面中含蓄、朦胧的艺术效果，如果运用不当，就会失去对形、色的控制，也很难取得画面效果。

▶ 彩：水彩画用色量小，用水量相对较多，颜色的浓淡多用水来控制，含水量较大则颜色相对较浅，反之则较深。

水彩在色彩和笔触上有丰富的变化，但调色比较困难、作画难于控制，初学者可以适当减少水的含量作画。

1.4.3 辅助类工具

辅助类工具顾名思义即在绘图过程中进行辅助帮助的工具。

1. 修正液

在室内手绘中，修正液主要用于最后修饰与调整画面。效果图基本绘制完成后，常在玻璃材质、金属材质的高光处用修正液修饰提亮，这样往往能给画面带来意想不到的效果。

2. 尺规与曲线板

在绘制制图要求较高的效果图时，常常用到各种尺规及曲线板，借用这些工具可以绘制出粗细均匀、光滑饱满的线条，下图是室内手绘中常用的尺规工具。

3. 高光笔

相对于修正液，市面上的高光笔能更好地控制出水量及线宽，更细腻、更专业地修饰画面。品质较好的如樱花牌的高光笔。

4. 绘图板

绘图板是为纸面提供支撑的一种绘图工具，常见的有速写板、带有硬质封面的速写本。

1.4.4 纸张的选择与使用

室内手绘对纸张的要求不高，绘图纸、打印纸、硫酸纸都是常用的绘图用纸。但画纸对图画效果影响很大，画面颜色彩度及细节肌理常常取决于纸的性能。利用这种差异可使用不同的画纸表现出不同的艺术效果。

▶ 复印纸：复印纸价格便宜，性价比较高，渗透性适中，但不能承担多次重复运笔。它是常用的手绘练习用纸。

▶ 绘图纸：绘图纸渗透性较大，价格较贵，可以承担多次重复运笔，在绘制优秀作品时常常使用绘图纸。

▶ 硫酸纸：硫酸纸又叫拷贝纸，表面光滑，耐水性差。由于其透明的特性，可以方便地复制底图。纸张吃色少，上色会比较灰淡，渐变效果难以绘制。

▶ 拷贝纸：透明度高，易上色。

硫酸纸

绘图纸

此外，水彩画有专用的水彩用纸，马克笔也有专用的马克笔绘图纸等等。在绘制室内手绘图时，可以根据实际情况选择合适的纸张。

1.5 手绘姿势

许多初学者在学习手绘的过程中不注意绘图的姿势，导致完成的图画画面脏乱不干净。初学者在一开始就要养成良好的作画习惯，正式的手绘姿势有利于初学者准确地把握画面关系，有效地提高手绘表现能力。

1.5.1 握笔姿势

手绘时的握笔姿势有几种，可以按常规握笔，也可以加大手与笔尖的距离悬起手腕握笔。画线时尽量以手肘为支点，靠手臂来运动画线，手腕不要活动，这样可以控制线的稳定性。

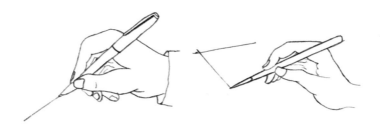

1.5.2 坐姿

绘图时如果不能保持正确的坐姿，就很难画出理想的线条，也不利于保护视力。正确的坐姿是绘制时，头部与绘图纸保持中正，眼睛和画面的距离最好保持在 30cm 以上，目光观测整个画面，保持整体画面的平衡。

1.6 对初学者学习手绘的一些建议

初学者一开始接触手绘练习时，不了解专业知识，会以自己主观的判断去进行模糊的训练，这往往会存在许多意识上的问题。很多初学者在刚接触手绘时，会以图画的漂不漂亮来衡量作品的好坏。了解手绘知识的专业人士一般就会以图画空间的透视是否准确、空间尺寸和位置安排是否精确、造型结构是否清晰等来衡量一张手绘效果图的好坏。

1.6.1 打好线稿基础

在手绘效果图中，线稿起着十分重要的作用。很多初学者在刚开始学习手绘时，为了能尽早画出效果图，在线稿没有画好的基础上就开始进行上色，最后不能完整地展示空间效果。

一幅好的手绘作品，线稿必须是画中的骨架，支撑着整个画面的整体结构。一张好的线稿图，能够准确、完整地体现空间的透视、风格样式和空间的比例尺度，颜色只是给画面增添环境气氛而已。初学者在刚开始学习手绘时，不要急于着色，应该首先注重线稿的训练，打好线稿基础。

1.6.2 掌握上色技巧

初学者在练习好线稿之后，应当掌握手绘的上色技巧。手绘效果图的绘制不同于艺术画的绘制，它有一套一定的上色技巧。初学者在练习的过程中，应当把握空间的透视、尺度、造型、细节和空间里所有的要素，由局部到整体、由慢到快认真地练习，就能逐步准确地掌握手绘效果图的上色技巧。

1.6.3 掌握快速表现技法

当手绘者打好线稿基础和掌握上色技巧之后，就可以练习手绘的快速表现技法。快速表现要求用线快且准，对物体的结构没有过多的细节绘制；上色时间短，不过多地强调材质的细节，绘制遵循化难为简的原则，对于初学者来说比较难掌握。初学者可以多加练习，先细致地表现效果图，再学习快速表现技法。

第 2 章

手绘基础线条与明暗关系的表现

本章通过对线条的内涵、作用、类型的讲解，再加上大量的实战练习，使初学者熟练掌握线条的绘制与运用技法，从而快速准确地表现画面空间光影与明暗关系。

2.1　线条的内涵与重要性

　　手绘从灵感出发，练习初期可以适当临摹。设计是严谨的，练习中科学地把握位置大小、比例、透视、色彩搭配、场景气氛等。因此必须掌握透视规律，并应用其法则处理好各种形象，使画面的形体结构准确、真实、严谨、稳定。

　　除了对透视法则的熟知与运用之外，还必须学会用结构分析的方法来对待每个形体内在构成关系和各个形体之间的空间联系，学习对形体结构分析的方法要依赖结构素描的训练。

2.2　线条的种类

　　线条可以说是手绘基础中的灵魂，线条本身是变化无穷的，有长短、粗细、疏密、曲直等等的变化，如图下所示。

　　线条是建筑手绘表现的根本。空间结构转折、细节处理，都是用线条来一一体现的，掌握好线条是学习手绘的第一步。同时多种线条技法的灵活运用是设计师所必需的本领，在本节我们就对不同种类的线条进行详细介绍。

2.2.1 直线

直线是点在空间内沿相同或相反方向运动的轨迹，是两端都没有端点，可以向两端无限延伸。在手绘中我们画的直线有端点、雷同于线段，这样画是为了线条的美观和体现虚实变化。直线的特点是笔直、刚硬，不容易打破。

直线的表现有两种可能，一种是徒手绘制，另一种是尺规绘制。这两种表现形式可根据不同情况进行选择。

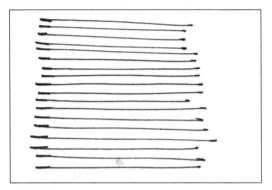 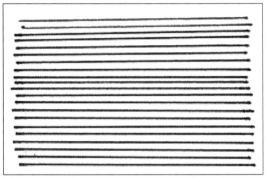

2.2.2 曲线

曲线是非常灵活且富有动感的一种线条，画曲线一定要灵活自如。曲线在手绘中也是很常用的线型，它体现了整个表现过程中活跃的因素，在运用曲线时一定要强调曲线的弹性、张力。绘制曲线时一定要果断有力，要一气呵成。

2.2.3 抖线

抖线是笔随着手的抖动而绘制的一种线条。特点变化丰富，机动灵活、生动活泼。抖线讲究的是自然流畅，即使断开也要从视觉上给人连上的感觉。

抖线可以排列得较为工整，通过有序抖线的排列可以形成各种不同疏密的面，并组成画面中的光影关系。抖线可以穿插于各种线条之中，与其他线型组织在一起构成空间的效果。

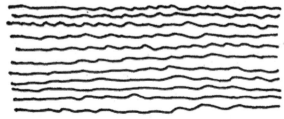

2.3 线条的练习与运用

线条的曲直可以表达物体的动静，虚实可以表达物体的远近，疏密可以来表达物体的层次。练习线条是绘制手绘图最重要的基础，线条要画出美感，画出生命力，需要做大量的练习，画线条时不用太小心，也不用担心画不直。手绘效果图表现要求的"直"是感觉和视觉上的"直"，甚至可以在曲中求直，最终达到视觉上的平衡就可以了。

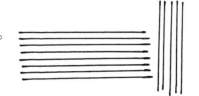

画线条时要保证线条的准确，不拖沓。下笔收笔要干脆，不要产生不必要的"尾巴"。下笔之前要认真观察和思考充满自信，保持心平气和，不要浮躁地去画。

下面是几种错误的范例：

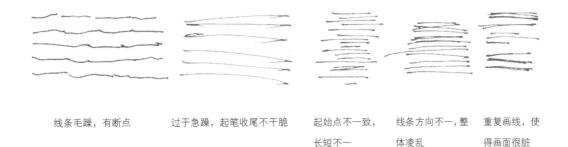

线条毛躁，有断点　　　过于急躁，起笔收尾不干脆　　　起始点不一致，　　　线条方向不一，整　　　重复画线，使
　　　　　　　　　　　　　　　　　　　　　　　　　　　　长短不一　　　　体凌乱　　　　　得画面很脏

因为手绘图是允许错误存在的，所以不必要过于追求线条的直,从而使线条过于死板、僵硬，丧失了手绘的特点。

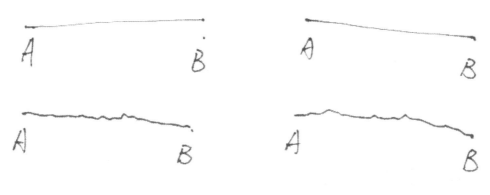

线条干净利落，即使不是很准确也显得很好看　　　　　　线条虽然准确但是却粗糙。

线条在组合中的表现也是如此。

 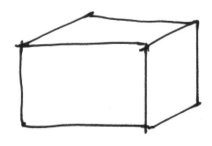

左边的立方体虽然有错误但是线条轻快活
泼，很有设计感

而右边的立方体虽然透视都正确,但线条死板生
硬,没有设计的感觉

握笔的姿势和用笔的力度也要把
握好,手绘和写字不同,很多人习惯于
把手紧紧贴在笔尖附近（如图中红点的
位置所示），这样握笔能画出来的线条
很短并且很僵硬,我们应该适当地调整
距离,建议握笔的位置靠后（如图中蓝
点的位置所示），这样握笔可以以手腕
为轴很轻松地画出短线条和长线条,并
且易于把握线条的轻重变化。

■提示: 在画长线条的时候,试着让自己的手与胳膊跟随着肩膀移动,而不是通过手
腕或手肘来用力;只有当你需要快速地画短线条,或是处理一些局部细节的时候,手肘的
驱动才更加有效。

线条过长时可以分段画,但记住不要在已有的线条上继续,可以空一小段再画。

线条可局部弯曲,整体方向比较直即可

2.4 练习线条时常出现的问题

1．画面不整洁

由于有的针管笔墨水干的比较慢，或者纸张受潮，不经意间可能就会使墨水沾得到处都是，造成画面的脏乱。保持画面的整洁和完整性是一个手绘初学者的基本素质，同时画面不整洁也会影响到自己的心情。

■提示：作图时可以佩戴袖套，防止衣物蹭到墨水，同时能够调整自己的心态告诉自己我要正式开始画画了。作图时尽量不要在桌上放一些茶杯和容易碰倒的液体，以防绘图时不小心污染纸张。

2．心情烦躁

最开始的练习中，许多初学者因为急于求成心境没有稳定下来，从而不能脚踏实地地一笔一笔去画，使画面凌乱潦草。建议可以在一张废纸上先试着画一些自己喜欢的东西，慢慢地调整心情稳定下来之后再开始作图。而有些初学者因为反复练习但是迟迟达不到效果或者练习了很多没有提高而心情烦躁，这种时候也不能急躁，因为手绘是一个需要大量练习的技能，只要坚持就可以成功。

3．反复描绘

手绘表现和素描不同，素描可以通过反复的描线来确定形体，而手绘则需要一次成型，特别忌讳反复描绘，这样会显得画面不肯定而且很脏。

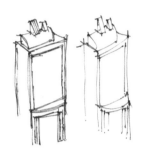

4．节点效果

节点效果是手绘表现中的一大特点，富于变化的线条相交错形成的节点给画面增加了很多可看性和趣味性。但是很多初学者过于追求节点效果，造成画面僵硬，节点过于刻意而不自然。

把握好形体的结构，下笔轻松自然，大胆自信，节点自然而然就会出现。

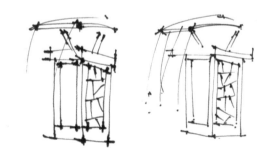

5．用笔的速度

用笔的速度不需要刻意去调整，通过大量的练习自然而然就会明白哪里需要快速的线条哪里需要缓慢的线条。

2.5 线条练习范例

练习各方向的直线，下笔时要心平气和，速度可以放慢些，在大方向上尽量画直。

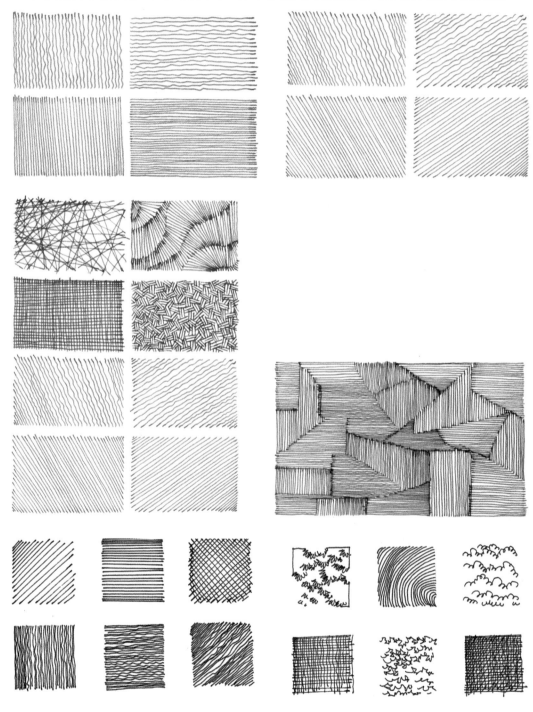

坚持练习一段时间当你觉得开始上手了之后可以用不同方向的线条组合起来画。

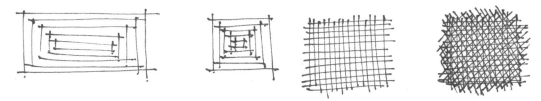

为了不让练习那么枯燥可以按照图中的形态练习复杂一点的长方体，包括一些凹槽；也可以自己随意绘一些直线组成的形体来练习手对直线的掌握能力。

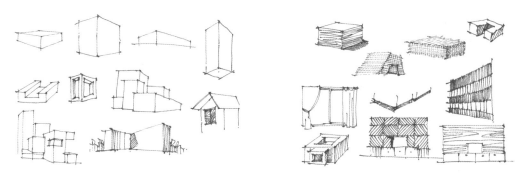

初学者刚开始绘制线条的时候，可以尝试一下把几种线条融合在一起去练习，这样还可以在绘制的时候注意一下线条的疏密变化。

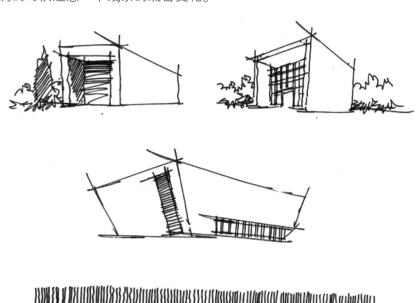

2.6 光影与明暗关系的表现

2.6.1 阴影三大面

有光线的地方就有阴影出现，两者是相互依存的。反之，我们可以根据阴影寻找光源和光线的方向，从而表现一个物体的明暗调子。

首先要对对象的形体结构有正确认识和理解。因为光线可以改变影子的方向和大小，但是不能改变物体的形态、结构，物体并不是规矩的几何体，所以各个面的各个朝向不同，色调、色差、明暗都会有变化。有了光影变化，手绘表现才有了多样性和偶然性。所以我们必须抓住形成物体体积的基本形状，即物体受光后出现受光部分和背光部分以及中间层次的灰色，也就是我们经常所说的三大面。

亮面、暗面、灰面就是光影与明暗造型中的三大面。它是三维物体造型的基础。尽管如此，三大面在黑、白、灰关系上也不是一成不变的。亮面中也有最亮部和次亮部的区别，暗面中也有最暗部和次暗部的区别，而灰面中也有浅灰部和深灰部的区别。

光影、明暗的对比是形象构成的重要手段。光影、明暗关系是因光线的作用而形成，光影效果可以帮助人们感受对象的体积、质感和形状。在手绘效果图中，利用光影现象可以更真实地表现场景效果。

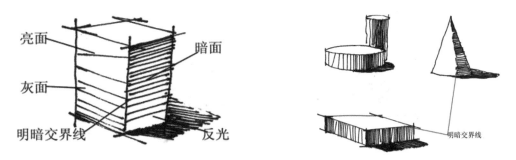

通过几个简单的几何体组合可更直观的表现在各个角度的受光效果（如下图所示）。

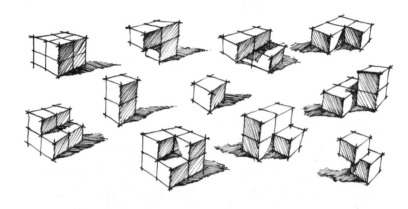

绘制组合几何体的光影效果会相对复杂些，不仅需要考虑几何单体的受光效果，而且需要考虑几何体之间在光影上的互相影响（如下图所示）。

2.6.2 线条表现光影的方法

1．单线排列

单线排列是画阴影最常用的处理方法，从技法上来讲需要把线条排列整齐就可以了，注意线条的首尾咬合，物体的边缘线相交，线条之间的间距尽量均衡。

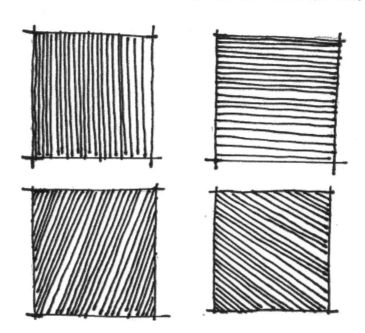

2．组合排列

组合排列是在单线排列的基础上叠加另一层线条排列的结果 ，这种方法一般会在区分块面关系的时候用到，叠加的那层线条不要和第一层单线方向一致，而且线条的形式也要有变化。

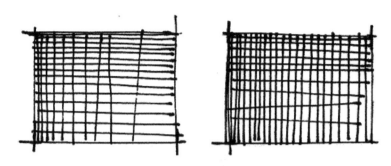

■提示：绘制第 2 层线条时，方向有所改变，避免与第 1 层线条重复，线条的排列也运用折线的形式，丰富了画面效果。

3. 随意排列

这里所说的随意，并不代表放纵的意思，而是线条在追求整体效果的同时变得更加灵活些。

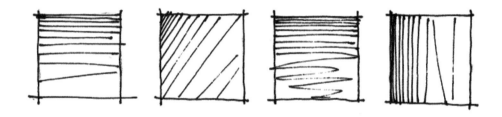

2.7 光影在室内表现中的应用

上一节中简单地介绍了阴影的排线方法，这一节将介绍光影在室内表现中的应用。室内空间一般有地面阴影、墙面阴影、灯光阴影、反光阴影等。

● 地面阴影

地面阴影的排线方向一般根据物体的透视进行排列，也可以选择竖线方向的排列，排线时要注意整齐，不要错乱和重复。

● 墙面阴影

墙面阴影是为了衬托物体的形体结构，排线方式与地面阴影排线方式大致相同，注意线条排列要整齐有序。

● 灯光阴影

灯光阴影的处理和其他阴影的处理方式不同，绘制的时候要注意画得虚一点，同时可以利用排列的疏密关系来表现光晕的衰减变化。

● 反光阴影

反光阴影的处理与灯光阴影处理的方式差不多，也是用虚线来表示，排线时用线要干脆，画出大概轮廓即可。

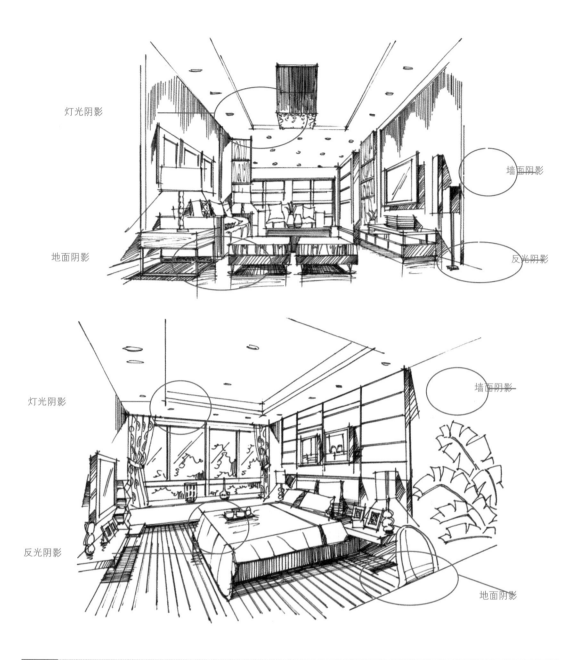

灯光阴影

墙面阴影

地面阴影

反光阴影

墙面阴影

灯光阴影

反光阴影

地面阴影

2.8　绘制阴影时常出现的问题

　　初学者在练习过程中，绘制阴影时常出现很多问题。一般常见的问题有画面阴影方向的不统一、阴影排线的透视错误、阴影排线虚实关系的不恰当等。

　　● 　画面阴影方向不统一

　　初学者在练习手绘时，不注意统一确定画面的光源，导致阴影绘制的方向不统一，分不出画面整体的明暗关系，画面就会显得杂乱无章、缺乏整体的美感。

　　● 　阴影排线透视错误

线条排列透视的错误是初学者最常见的问题，阴影排线一般根据形体透视的走向排列，如果怕透视错误，也可以选择竖线排列。

● 阴影排线虚实关系不恰当

初学者在刚开始学习手绘时，拉不开画面的空间层次也是常见的问题之一。绘制阴影时，也常常把握不住阴影虚实关系的表现，有时甚至阴影线与结构线都混在一起，这样使画面不仅平而且乱。

第 3 章

手绘透视与构图原理

本章主要通过讲解手绘透视与构图原理，让读者了解透视与构图是绘制空间效果图的基础，如何用透视法将二维的空间形态转换成具有立体效果的三维空间。

3.1 透视的基本概念

透视是室内手绘中最重要的基础，无论你的表现能力有多强，如果透视方面出了问题，所有的表现都是毫无意义的，所以我们要对透视有充分的了解，并且熟练应用，用几何投影规律的科学方法较真实地反映特定的环境空间。

透视就是近大远小、近高远低，这是我们在日常生活中常见的现象。透视是表现技法的基础，也是准确表达室内手绘效果图的规律法则，它直接影响到整个表现空间的真实性、科学性及纵深感。因此，掌握透视原理是画好室内手绘图的基础。

所谓透视就是在物体与观察者之间假设有一个透明的平面，观察者对物体射出的视线与此平面的交点所连接形成图形，即使以观察者的眼睛为中心做出的空间物体画面上的图影。

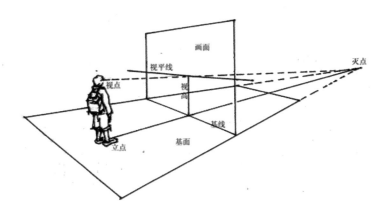

透视图的特点：近大远小，近高远低，近长远短，互相平行的直线的透视会交于一点。

透视的基本术语：

▶ 视点：人眼睛的位置。

▶ 视高：视点和站点的垂直距离。

▶ 视距：视点离画面的距离。

▶ 视平线：由视点向左右延伸的水平线。

▶ 灭点：也称消失点，是空间中相互平行的透视线在画面上汇集到视平线上的交点。

▶ 真高线：建筑物的高度基准线。

3.2 透视的基本类型

常见透视图有3种，分别是平行透视、成角透视和三点透视

下面简单介绍这3种透视。

3.2.1 一点透视

一点透视是最简单的一种透视，并且同时它也是最常见的一种透视。它只有一个消失点，如下图所示。

定义：当形体的一个主要面平行于画面，其他的线垂直于画面，斜线消失在一个点上所形成的透视称为一点透视。

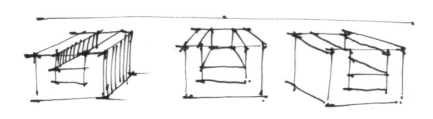

一点透视的概念

特点：应用最多，容易接受；庄严、稳重；有纵深感；能够表现主要立面的真正确比例关系，变形较小。

缺点：透视画面容易呆板，形成对称构图。所以，一般平行透视的心点稍稍偏移画面中心点 1/4 ~ 1/3 左右为宜。

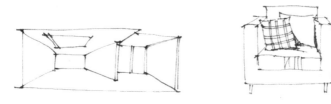

一点透视在室内中的主要表现形式

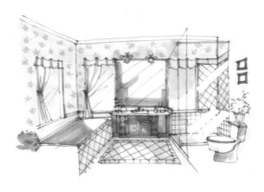

室内一点透视

绘制：绘制一点透视透视图的时候，要注意视平线和灭点位置。视平线是定位透视时不可缺少的一条辅助线，而灭点正好在视平线的某个位置上，视平线的高低决定了空间视角的定位，视平线通常定位在基准面高度的一半或者靠下一点的位置，这样才是正常的视高。

下面用一个实例来讲述一点透视图的绘制步骤。

01 选择一个体块，这个体块可以是长方体，圆柱体，不管是什么体块，都是按这个步骤进行绘制，如下图所示。

02 确定视平线和灭点的位置。要注意只确定一个灭点就可以了，如下图所示。

03 确定观看物体的角度，将所有的点连接于灭点，如下图所示。

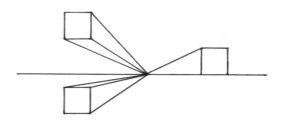

04 确定物体的进深，连接其他端点，如下图所示。

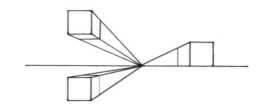

■提示：1.绘制一点透视透视图的时候，要注意视平线和灭点位置。视平线是定位透视时不可缺少的一条辅助线，而灭点正好在视平线的某个位置上，视平线的高低决定了空间视角的定位，视平线通常定位在基准面高度的一半或者靠下一点的位置，这样才是正常的视高。

2.一点透视时观察者面前的物体主要面平行于画面，竖线垂直，只有一个灭点，所有的线条都从这点投射出。绘图时需要记住这一点，确定好所有的线条都要归于灭点。

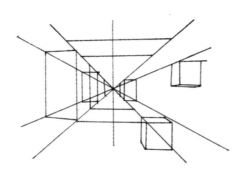

所有的线条消失于灭点

3.2.2 两点透视

　　两点透视也叫成角透视，它的运用范围较为普遍，因为有两个消失点，运用起来相对比较难掌握些。但两点透视能够使图面灵活并富于变化，特别适合表现较为丰富和复杂的场景，两点透视画面效果自由活泼，能反映出建筑体的正侧两面，容易表现建筑的体积感，在建筑室外途中应用最为广泛。

　　两点透视相对于一点透视来说多了一个灭点。它常用于绘制整个建筑本身，可以更丰富的描绘建筑空间，如下图所示。

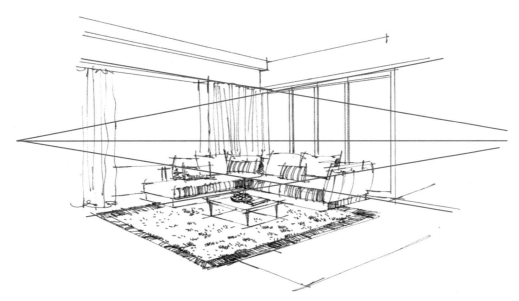

　　定义：当物体只有垂直线平行于画面，水平线倾斜形成两个消失点时形成的透视，成为两点透视。

　　特点：画起来稍微复杂一些，因为它有左右两个灭点，如果画幅大，灭点找起来会比较麻烦；多表现室内一角；有立体感、透视感强；有紧凑、突出重点、随意的效果；画面比较活泼、自由。

　　缺点：如果角度掌握不好，会有一定的变形。

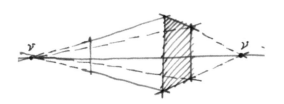

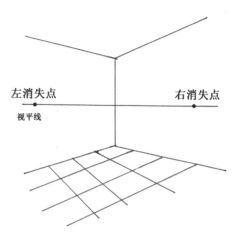

两点透视的概念，拥有两个灭点

两点透视在室内中的主要表现形式

室内两点透视

绘制：下面用一个实例来讲述两点透视图的绘制步骤。

01 选择一个体块，这个体块可以是立方体、长方体，圆柱体，我们选择一个立方体作为实例，如下图所示。

03 确定观看物体的角度，将所有的点连接于灭点，如下图所示。

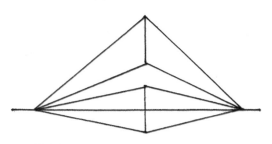

02 确定视平线和灭点的位置。要注意两点透视要确定两个灭点。如下图所示

04 确定物体的进深，连接其他端点，如下图所示。

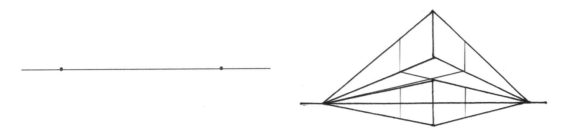

■提示：1. 两个灭点在同一条视平线上。

2. 两个灭点可在纸张的画面内，可在纸张的画面之外。室内空间手绘透视图的表现，两个灭点一般在纸张之外。

3.2.3　三点透视

三点透视多用于鸟瞰图，用来表示宽广的景物。它有 3 个灭点，三点透视可以将建筑物或室内空间表现的更富有冲击力，如下图所示。

定义：三点透视也叫倾斜透视，是指立方体相对于画面，其面和棱线都不平行时，面的边线可以延伸为三个消失点，用俯视或仰视的视角去看立方体就会形成三点透视。

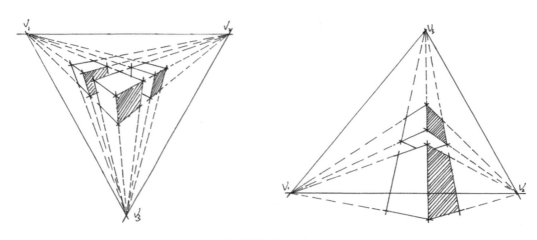

三点透视的概念，三个灭点

特点：三点透视有三个消失点，高度线不完全垂直于画面。第三个消失点，必须和画面保持垂直的主视线，使其视线的二等分线保持一致。

缺点：三点透视展现的角度比较广，把握不好，容易使画面不协调。

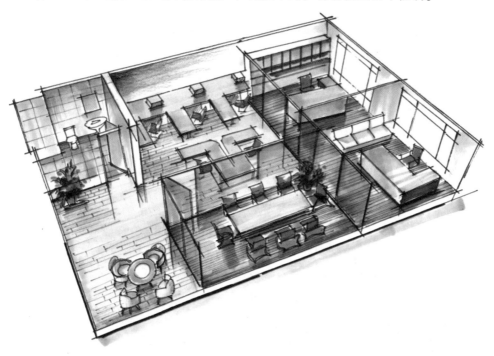

室内三点透视绘制：

绘制：下面用一个实例来讲述一点透视图的绘制步骤。

01 选择一个体块，这个体块可以是长方体，圆柱体，不管是什么体块，都是按这个步骤进行绘制，如下图所示。

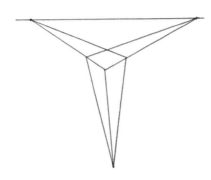

02 确定视平线和灭点的位置。要注意只确定一个灭点就可以了，如下图所示。

04 确定物体的进深，连接其他端点，如下图所示。

03 确定观看物体的角度，将所有的点连接于灭点，如下图所示。

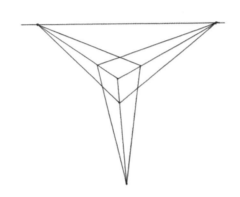

■提示：　1. 其中两个灭点在同一条视平线上，另一个灭点在视平线上面或下面。

2. 三个灭点可在纸张的画面内，可在纸张的画面之外。室内空间手绘透视图的表现，三个灭点一般在纸张之外。

3.3　室内手绘透视图练习

透视是一种表现室内三维空间的绘图方法，准确地掌握透视的运用对提高手绘效果图的表现十分的重要。在练习的过程中，首先应该理解室内透视类型的特点，然后根据实际的应用，选择合适的透视角度来表现画面。

3.3.1　一点透视练习

01 根据透视关系原理，确定视平线大概的位置，构思后定纵深、高度和宽度，表现室内空间一点透视的关系。用铅笔绘制画面中沙发、茶几、柜子、电视机、台灯等家具摆设的大概外形轮廓，注意物体的透视关系。

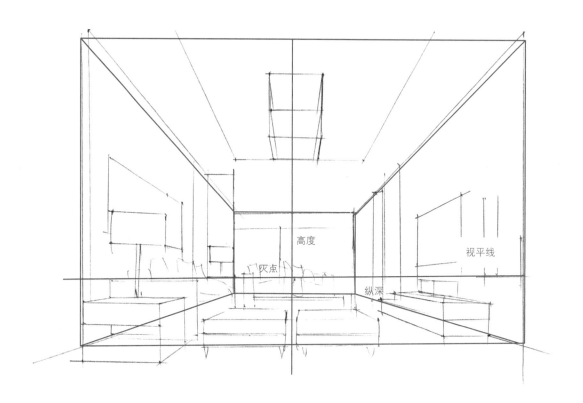

图中文字标注：高度、灭点、视平线、纵深

02 用勾线笔在铅笔稿的基础上绘制沙发、茶几、柜子、台灯的外形轮廓线，绘制结构线时，注意用线要肯定流畅、下笔要快速准确。

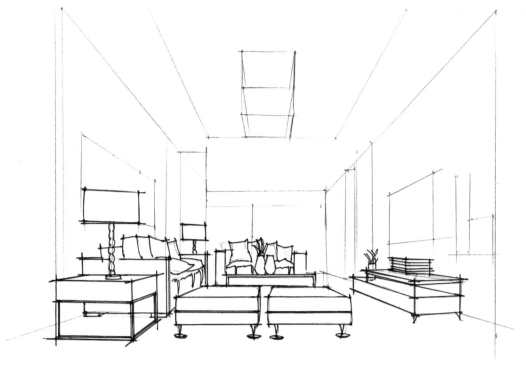

03 绘制窗户、墙面、电视机、画框等物体的结构线，注意结构之间的转折，用橡皮擦去铅笔线，保持画面的整洁。

注意画框近大远小的透视关系。

注意结构的转折。

04 给画面绘制阴影与暗部颜色，区分出画面大体的明暗关系，注意线条的排线方向与疏密关系的表现。

05 用touchWG2绘制墙顶的颜色，用touchCG3绘制墙面的颜色；用touch49绘制画面亮部与灯光的颜色；用touch36绘制地面的颜色；用touch139绘制沙发的颜色；同touch169绘制木质墙面的颜色；用touch185、144绘制玻璃的颜色，注意马克笔的笔触。

06 用touch107绘制柜子的暗部颜色；用touch8绘制沙发的颜色；用touch43、46绘制盆栽的颜色；用touch63、64、68绘制玻璃与电视机的颜色；用touchGG3、GG6绘制电视机与音响的颜色。

07 用touch63加重窗户玻璃的颜色；用touchWG6绘制地面的阴影与反光；用touch49、31、36丰富灯光的颜色；用touch16加重沙发的暗部颜色；整体调整画面，完成绘制。

3.3.2 两点透视练习

01　用铅笔绘制底稿，确定视平线的位置，构思后定画面的纵深、宽度与高度，表现出空间的两点透视的关系；绘制室内空间里床、柜子、电视机等物体大概的外形轮廓。

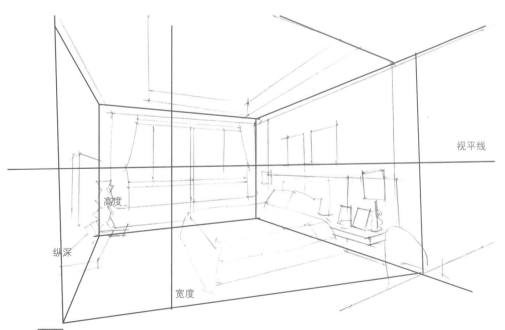

02　用勾线笔在铅笔稿的基础上室内空间物体的外形轮廓线，注意前线要准确流畅；用橡皮擦去铅笔线，保持画面的整洁。

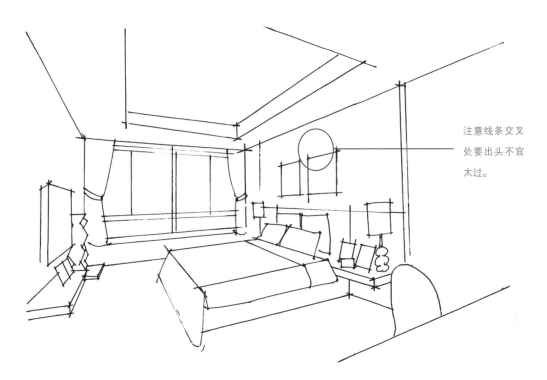

注意线条交叉
处要出头不宜
太过。

03 绘制床、床头墙面与床头柜的细节，绘制阴影与暗部时，注意线条的排列方向与疏密关系的表现。

04 绘制窗户远景与电视机的细节结构，绘制远景植物时，用自然流畅的曲线绘制大概轮廓即可。

05　绘制木质地板结构，用双线表现地板接缝处，注意线条的透视关系与画面的透视关系要统一。

06　用touch169绘制墙面的颜色；用touch49绘制画面的灯光颜色；用touchWG3绘制床的暗部颜色；用touch139绘制窗帘的颜色；用touch175、179绘制窗外景色；用touch97、140、104绘制地板的颜色，注意马克笔的笔触。

07 用 touchCG3、CG5、63、68 绘制电视机的颜色；用 touchWG4、WG6 绘制窗户与床的暗部颜色；用 touch97、93 绘制木质框架的颜色；用 touch63 绘制陶瓷的颜色；用 touch42、43 绘制植物的颜色。

08 用 touchWG6 绘制墙面的暗部颜色；用 touch121、76、179 丰富画框的颜色；用 touch36、140 丰富灯光的颜色；用 touch97、93 绘制地板的反光；用高光笔绘制画面的高光与地板的反光，增强画面的空间层次；整体调整画面，完成绘制。

3.3.3 三点透视练习

01　用铅笔绘制底稿，确定画面的构图，构思后定画面的纵深、宽度与高度，表现出空间的三点透视的关系；绘制室内空间里沙发、茶几、盆栽等物体大概的外形轮廓。

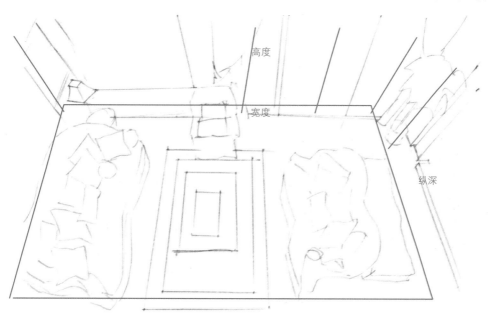

02　用勾线笔绘制茶几、地毯、沙发的外形轮廓线，注意用线要准确流畅。

03 绘制茶几两侧的沙发与细节，用自然流畅的短线绘制抱枕，绘制画面的暗部时注意线条的排列方向与疏密关系的表现。

04 绘制门与窗户的结构，注意线条的转折；用双线绘制地砖结构，绘制地砖的反光与阴影时注意线条的排列。

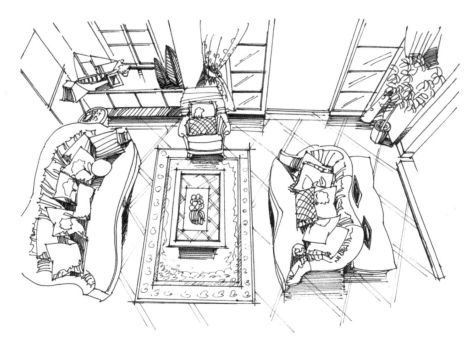

05 绘制画面的第一层颜色，用 touch179、145 绘制玻璃的颜色；用 touch107 绘制茶几的颜色；用 touch140 绘制地砖的颜色；用 touchWG2、169 绘制墙面的颜色。

06 用 touch31、34 绘制窗帘与抱枕的颜色；用 touch79、83 绘制沙发的颜色；用 touch97 绘制台灯的颜色；用 touch42、43 绘制植物的颜色；用 touch77 绘制地毯的颜色。

07 用 touch76、144 丰富地毯的颜色；用 touch67 加重玻璃的颜色；用 WG6、WG4 绘制门框与窗框的颜色；用 touch103 绘制地面的反光；用褐色彩铅加重沙发的亮部颜色；整体调整画面，完成绘制。

3.4 室内空间设计的构图原则

因为效果图是最终呈现在客户面前的一幅图像，所以如何突出画面的主体，取得画面的平衡和协调就尤为重要。而要达到这一目的，在构图时必须遵循一定的原则和规律。构图的法则就是多样统一，也称有机统一，也就是说在统一中求变化，在变化中求统一。

透视点的正确选择对效果图表现效果尤为重要，经典的空间角落，丰富的空间层次，只有通过立项的透视点才能完美的展现。

要将画面最需要表现的部分放在画面中心，对较小的空间要进行有意识的夸张，使实际空间相对夸大，并且要将周围场景尽量绘制的全一些。尽可能选择层次丰富的视觉角度，若没有特殊要求，要尽量把视点放的低一些，一般控制在 1.7m 以下。

空间构图是指根据设计题材和主题思想的要求，把要表现的形象适当地组织起来，构成一个协调的完整的室内设计作品。

人们在研究美学时发现，自然界与艺术中蕴含着某些规律性的原理，例如平衡、节奏和加强，它们可以解释为什么某些空间和形状，线条和肌理的组合比其他组合显得更有效，看上去也更美一些。这为我们提供了评价空间构图成功与否的标准和依据。

3.4.1 平衡

平衡即对立双方在数量或质量上的相等。平衡在自然界中表现出四维的特性——长、宽、高和时间。

对称平衡：即两侧等视重、等距离的平衡，一般也被认为是正规的或者被动的平衡。对称平衡中蕴含着庄严、严谨和高贵。

不对称平衡

对称平衡

不对称平衡：不对称平衡即通过杠杆原理产生的两侧不等视重、不等距离的平衡。一般其对立部分的颜色、样式、间距的分布也不相等，因此也被认为是非正式的、主动的和隐藏的平衡。不对称平衡能够更为有效地激发视觉兴奋，暗示着运动、自发和非正式性。

中心平衡：当一个组合在中心点周围重复出现并都得到了平衡，就是所谓的中心平衡。中心平衡或是从中心发散，或是汇聚到中心，或是环绕中心。

中心平衡

在室内设计中的平衡采用了"视重"这一概念。任何事物给我们留下的心理印象和引起的注意力决定了它的视重。通常可以从以下几个方面来衡量视重：

▶ 大的物体和空间比小的物体和空间视重大，但是一组小的物体可以和一个大块物体达到平衡。

▶ 本身比较重的材质，比分量比较轻的材质的视重大，例如石材和木材的比较；

▶ 不透明材质比透明材质的视重大。

▶ 位于视线上方的物体比位于视线下方的物体视重大。

▶ 活泼的肌理和图案纹样比朴素平滑的表面更能长久地吸引人们的注意力。

▶ 独特的、不规则的物体相比其实际尺寸的大小更醒目，而意料之中的、一般的物体及形状则易于融入背景之中。

▶ 光照明亮的区域比光线昏暗的地方更容易引起人们的注意。

▶ 人们在习惯上将平衡分成三类：对称平衡、不对称平衡和中心平衡。

3.4.2 节奏

节奏被定义为连续的、循环的或有规律的运动。通过应用节奏，我们可以做到总体上的统一性和多样性。节奏以不同的方式美化着我们的居室，重复、渐变、过渡和对比是节奏运用中的四种基本方法。

1. 重复

重复使用线型、颜色、材质或者图案，单纯地应用重复不会有太大的作用。在室内设计中，需要重复的是那些能够加强基本特性的形状和颜色，避免重复平庸和普通的事物。

2. 渐进

渐进是指有序的、规则的变化，是对一种或者几种特性按照顺序排列或者层次渐变。这种有目的的连续变化暗示了向前的动感，因此比简单的重复更具有活力。

3. 过渡

是节奏更加微妙的表现形式。它引导着我们的目光以一种柔和缓慢的、连续不断的、不受阻挡的视觉从一处转移到另一处。

渐进

过渡

4．对比

　　是有意地将形状或者颜色形成强烈反差，而且是突然地变化。在室内装饰中，结构的强烈反差越来越成为流行的主题，例如用朴素的背景衬托出华丽的物件等。

3.4.3 加强

　　加强是指在对整体和每一个部分给与重视的同时，着重强调重要的部分，次要的部分则可以一带而过。没有加强，居室会变得单调乏味；而没有了次要部

对比

分和过渡部分，其实也就意味着没有加强。应用加强时，需要注意以下三个方面：

- ▶ 决定每个单元的视觉重视程度；
- ▶ 通过合理设置辅助单元来衬托核心单元；
- ▶ 必须处理好核心单元与辅助单元的相互关系。

3.4.4 尺度和比例

　　尺度是指物体或者空间相对于其他对应物的绝对尺寸或特性。一般选取人或与人体活动有关的一些不变元素，如门、台阶、栏杆等作为比较标准，通过与它们的对比而获得一

定的尺度感。

比例是相对的，用于描述部分与部分或者部分与整体的比率。

室内设计时，必须在尺寸、形状和视觉重量之间有一个适当的相对关系，但没有哪个简单的比例法则可以适用于所有的情况。一般而言，黄金四边形和黄金分割是常用的比例关系。

黄金四边形是指长宽比为 3:2 的矩形是最佳的比例，这种比例关系来源于古希腊文化，根据古希腊人的设计思想，对一个封闭图形而言，正方形是最差的比例关系，而长宽比为 3:2 的矩形则是最佳的比例关系。

黄金分割是指某物体较大部分与较小部分之比等于整体与较大部分之比，其比值为 1:0.618。这一比例关系在多位艺术大师的作品中均有所体现，并且被认为是人体的最佳比例。

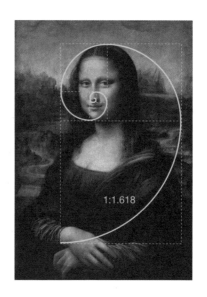

黄金分割

3.4.5 和谐

室内设计中的和谐一般定义为一致、调和或者各部分之间的协调。其主张就是在室内设计中，不论是单个房间还是整套住宅都应保持较为统一的主题。

大体上说，当统一性和多样性相结合时，就达到了所谓的和谐。没有多样性的统一会显得单调而缺乏想象力；而多样性如果缺少了诸如颜色、形状、图案或主题的统一性，就会显得过去刺眼、缺乏组织且不协调。

统一性是由一个组合物的各部分之间的重复、相似或者一致性来达到的，体现为各个部分的线形、颜色、材质、图案的匹配。

多样性是指各设计单元的颜色、形状、图案具有多种不同的形式。多样性使得室内设计变得丰富，形成开放和包容的体系，并在设计中体现出活力、变化和激情。

统一性

多样性

3.5 常见的构图形式

设计手绘表现中的构图方式有很多种，常见的构图方式包括横向构图与竖向构图，其中横向构图方式是室内空间手绘表现中最常见的构图方式。横向构图的画面一般具有平稳、沉着的特点，使画面的空间显得开阔舒展；竖向构图的画面一般具有挺拔的气势之感，使画面的空间显得广大空旷。

竖向构图

横向构图

3.6 构图时常出现的问题

　　构图是作画时第一步需要考虑的问题，画面中主体位置的安排要根据题材等内容而定。研究构图就是研究如何在室内空间中处理好各个实体之间的关系，以突出主题，增强艺术的感染力。构图处理是否得当，是否新颖，是否简洁，对于室内设计作品的成败关系很大。

　　构图是常见的问题有：画面过大，即构图太饱满，给人拥挤的感觉；画面过小，即构图小，会使画面空旷而不紧凑；画面过偏，即构图太偏，会使画面失衡。

①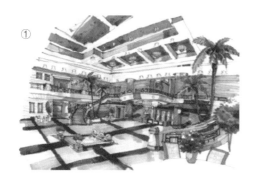

②

①太大拥挤

②太小拘谨

③太偏失衡

③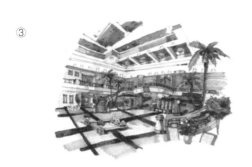

正确构图

第 4 章

色彩的基础知识与材质表现

现今的生活中，人们越来越多地受到色彩的影响，家居设计非常讲究色彩与色调的搭配。室内色彩的运用一方面能满足生活功能的需要，另一方面又能满足人的视觉和情感的需要。

本章主要讲解了色彩的形成、属性、对比以及不同材质的表现。

4.1 色彩的形成

　　色彩是通过眼、脑和我们的生活经验所产生的一种对光的感知，是一种视觉效应。人对颜色的感觉不仅仅由光的物理性质所决定，比如人类对颜色的感觉往往受到周围颜色的影响。有时人们也将物质产生不同颜色的物理特性直接称为颜色。

　　经验证明，人类对色彩的认识与应用是通过发现差异，并寻找他们彼此的内在联系来实现的。因此，人类最基本的视觉经验得出了一个最朴素也是最重要的结论：没有光就没有色。白天人们能看到五颜六色的物体，但在漆黑无光的夜晚就什么也看不见了。

　　经过大量的科学实验得知色彩是以色光为主体的客观存在，对于人则是一种视象感觉，产生这种感觉基于三种因素：一是光；二是物体对光的反射；三是人的视觉器官——眼。即不同波长的可见光投射到物体上，有一部分波长的光被吸收，一部分波长的光被反射出来刺激人的眼睛，经过视神经传递到大脑，形成对物体的色彩信息，即人的色彩感觉。

　　光、眼、物三者之间的关系，构成了色彩研究和色彩学的基本内容，同时亦是色彩实践的理论基础与依据。

4.2 色彩的三种类型

4.2.1 固有色

　　顾名思义,就是物体原有的色彩，是物体本身的颜色。固有色是指物体固有的属性在常态光源下呈现出来的色彩。

　　固有色就是物体本身所呈现的固有的色彩。对固有色的把握，主要是准确地把握物体的色相。

　　由于固有色在一个物体中占有的面积最大，所以，对它的研究就显得十分重要。一般来讲，物体呈现固有色最明显的地方是受光面与背光面之间的中间部分，也就是素描调子中的灰部，我们称之为半调子或中间色彩。因为在这个范围内，物体受外部条件色彩的影响较少，它的变化主要是明度变化和色相本身的变化，它的饱和度也往往最高。

　　上图所示的红色沙发都是物体自身在日常光照下照射出来的颜色。

4.2.2 光源色

光源色是指某种光线（太阳光、月光、灯光等）照射到物体后所产生的色彩变化。除日光的光谱是连续不间断的外，日常生活中的光，很难有完整的光谱色出现，这些光源色反映的是光谱色中所缺少颜色的补色。检测光源色的条件：要求被照物体是白色、不透明、表面光滑。

自然界的白色光（如阳光）是由红、绿、蓝 3 种波长不同的颜色组成的。人们所看到的红花，是因为绿色和蓝色波长的光线被物体吸收，而红色的光线反射到人们眼睛里的结果。同样的道理，绿色和红色波长的光线被物体吸收而反射为蓝色，蓝色和红色波长的光线被吸收而反射为绿色。

在日常生活中阳光会因为时间和季节的不同，呈现出不同的色彩变化。比如同一天的阳光，早晨偏黄色；中午偏白色；晚上则偏橘红。并且在夏天的时候，阳光光线偏冷，冬天偏暖。如下图所示。

4.2.3 环境色

环境色是指在太阳光照射下，环境所呈现的颜色。物体表现的色彩与光源色、环境色和自身色 3 者颜色混合而成。所以在研究物体表面的颜色时，环境色和光源色必须考虑。

物体表面受到光照后，除吸收一定的光外，也能反射到周围的物体上。尤其是光滑的材质具有强烈的反射作用，另外在暗部中反映较明显。环境色的存在和变化，加强了画面相互之间的色彩呼应和联系，能够微妙的表现出物体的质感。也大大丰富了画面中的色彩。所以，环境色的运用和掌控在绘画中显得十分重要。

物体的固有色是会受到环境色的影响而发生变化。越光滑的物体它的颜色和光感受到的影响会越大。在下图中可以发现红色的屋顶和橙色的墙壁使白色的窗框和柜子发生了颜色的变化。如下图左所示。

　　环境色接近白色，属于无颜色，它对固有色的影响较小，整个画面会显得比较宁静。如下图中所示。

　　如果环境色属于强烈的暖色系，固有色也是属于暖色系两者之间不会有太大的影响。画面会显得比较和谐。如下图右所示。

4.3 色彩的三种属性

4.3.1 色相

　　色相是色彩的首要特征，是区别各种不同色彩的最准确的标准。事实上任何黑白灰以外的颜色都有色相的属性，而色相也就是由原色、间色和复色来构成的。色相是色彩可呈现出来的质的面貌。

　　光谱中有红、黄、蓝、绿、紫、橙6种根本色光，人的眼睛可以分辨出约180种不同色相的色彩。

　　原色：不能通过其他颜色调和得出的颜色称之为原色。红黄蓝组成三原色。

红　　　　　　　　　　　　　黄　　　　　　　　　　　　　蓝

间色：某两种颜色相互混合的颜色。

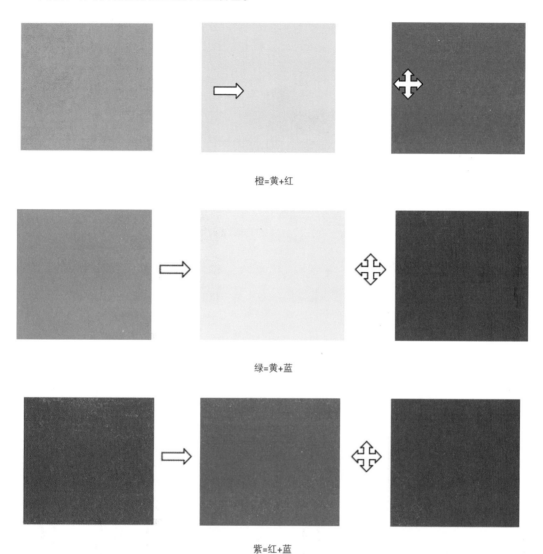

橙=黄+红

绿=黄+蓝

紫=红+蓝

复色：由三种原色按不同比例调配而成，或间色与间色调配而成，也叫三次色。
补色：一种颜色在色轮上所处位置相对的颜色。

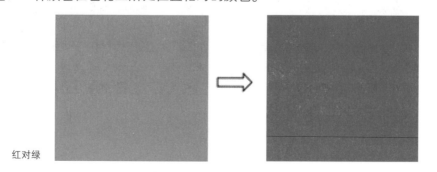

红对绿

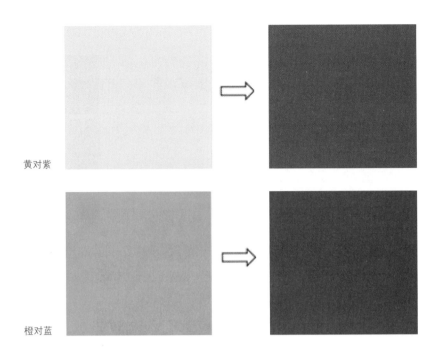

黄对紫

橙对蓝

4.3.2 明度

明度是指色彩的深浅、明暗。它主要是由光线强弱决定的一种视觉经验。

明度不仅取决物体照明程度，而且取决物体表面的反射系数。如果我们看到的光线来源于光源，那么明度取决光源的强度；如果我们看到的是来源于物体表面反射的光线，那么明度决定于照明的光源的强度和物体表面的反射系数。

简单说，明度可以简单理解为颜色的亮度，不同的颜色具有不同的明度。应用于绘画当中，我们可以通过改变颜色的明度来体现画面所要表达的内容。如下图所示。

4.3.3 纯度

纯度通常是指色彩的鲜艳度。也称饱和度。从科学的角度看，一种颜色的鲜艳度取决于这一色相发射光的单一程度。人眼能辨别的有单色光特征的色，都具有一定的鲜艳度。不同的色相不仅明度不同，纯度也不相同。

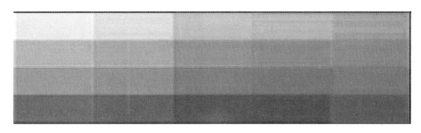

　　色度、饱和度、彩度是同一概念，是"色彩三属性"之一。纯度通俗的讲指的是色彩的鲜艳程度，如三原色的纯度一般要高于其他的颜色的纯度。

4.4　色彩的特性

　　色彩本身没有冷暖之分，色彩的冷暖是建立在人生理、心理、生活经验等方面之上的，是对色彩一种感性的认识，一般而言光源直接照射到物体的主要受光面相对较明亮，使得物体这部分变为暖色，相对而言没有受光的暗面则变为冷色。

1．冷色

冷色来自于蓝色调，比如蓝色、青色、和绿色。
冷色给人透明、清新和宁静的感觉。如下图右所示。

2．暖色

暖色由红色调组成，比如橙色、红色和黄色。他们的颜色给人温暖和舒适。
暖色给人温暖、兴奋的感觉。如下图右所示。

4.5 色彩的对比

4.5.1 明度对比

　　将相同的色彩放在黑色和白色的背景上来比较色彩的感觉，明暗对比的效果非常明显，会发现黑色背景上的色彩感觉比较亮，白色背景上的比较暗。如图所示。

　　黑与白，是家居色彩中常用的对比颜色，能够给人带来很深刻的印象。明度高的白色和明度低的黑色进行搭配后，可以提升空间的视觉感，本案就是以这两种颜色为设计基调，使空间设计达到了不俗的效果。如下图右所示。

4.5.2 纯度对比

一个鲜艳的红色与一个含灰的红色并置在一起，能比较出它们在鲜浊上的差异，这种色彩性质的比较，称为纯度对比。

色彩中的纯度对比，纯度弱，对比的画面视觉效果就比较弱，形象的清晰度较低，适合长时间及近距离观看。纯度中对比是最和谐的，画面效果含蓄丰富，主次分明。纯度强对比会出现鲜的更鲜、浊的更浊的现象，画面对比明朗、富有生气，色彩认知度也较高。

4.5.3 色相对比

因色相的差别而形成的色彩对比称色相对比。

1. 同类色相对比

同类色相对比是同一色相里的不同明度与纯度色彩的对比。这种色相的同一，不但不是各种色相的对比因素，而是色相调和的因素，也是把对比中的各色统一起来的纽带。因此，这样的色相对比，色相感就显得单纯、柔和、谐调，无论总的色相倾向是否鲜明，调子都很容易统一调和。

2. 临近色相对比

邻近色相对比的色相感，要比同类色相对比明显些、丰富些，活泼些，可稍稍弥补同类色相对比的不足，可不能保持统一、谐调、单纯、雅致、柔和、耐看等优点。

4.5.4 冷暖对比

由于色彩感觉的冷暖差别而形成的色彩对比称为冷暖对比。

色彩的冷暖对比会受到明度与纯度的影响，白光反射高而感觉冷，黑色吸收率高而感觉暖。

色彩心理学认为红色能够刺激和兴奋神经系统，增加荷尔蒙分泌，所以它营造热情氛围的能力最强。但针对红色或浓重暖色的墙面，一定要在居室中添加对比色，如冷色沙发、木色地面、绿色植物等，进行心理上的缓冲。

4.5.5 补色对比

将红与绿、黄与紫、蓝与橙等具有补色关系的色彩彼此并置，使色彩感觉更为鲜明，纯度增加，称为补色对比。两个色不仅对比强，而且调和在一起时，能形成中等明度的灰。所以它们是既有强烈对比，又有协调性的一组色彩如下图所示。

红与绿

橙与蓝

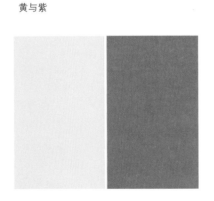

黄与紫

4.6 马克笔上色技法

　　马克笔是当今很多朋友喜欢使用的工具，它的最大好处是能快速表现你的设计意图，效果清朗。其实马克笔的效果可以洒脱，可以秀丽，也可以稳重。

4.6.1 马克笔的笔法

- 平移带线

平移带线往往是运用在过渡区的笔触。马克笔的属性决定了他的一些过渡方式，他不像水彩、水粉可以过渡很微妙，因为它的颜色是固定好的，所以单色过渡只能用面到线、线到点的方式过渡。

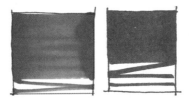

- 揉笔带点

揉笔带点的方法常常用到树冠、草地和云彩的绘制中，它讲究柔和过渡自然。

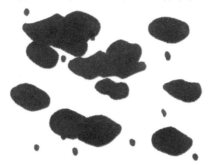

- 扫笔

扫笔是一种高级技法，他可以一笔画出过渡，画出深浅，再暗部过渡、画面边界的过渡可以用到扫笔。扫笔讲究快，收笔笔尖不与纸面接触，是垂直飘在纸面上空的。

- 几种错误的运笔

①力度太大失去了马克笔"透"的特点

②运笔过程中手抖造成线条不均匀

③力度不均匀出现缺口

④有头无尾，下笔过于草率

⑤运笔时手不稳、力度不均匀

4.6.2 马克笔笔触的应用

设计者在主观上促使笔在纸上作有目的的运动，所留下的轨迹即是笔触。

笔触在运用的过程中，应该注意其点、线、面的安排。笔触的长、短和宽、窄组合搭配不要单一，应有变化，否则画面会显得呆板。

依据形体笔触相应变化，画出立体感。运用马克笔给物体上色时应按照物体的形体结构块面的转折关系和走向运笔。方形的面应该平行于一条主要的边排线，圆形的面应该用马克笔排弧线，这样物体才会有立体感。

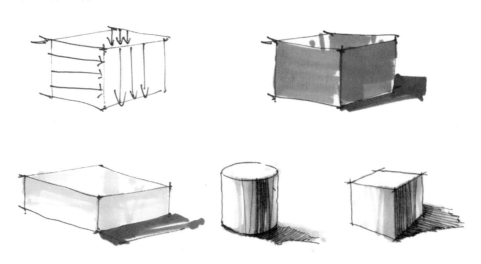

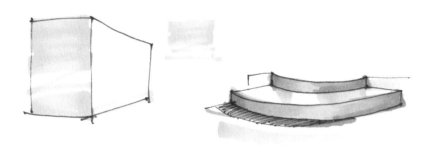

4.6.3 马克笔上色注意事项

▶ 马克笔绘画步骤与水彩相似，上色由浅入深，先刻画物体的亮部，然后逐步调整暗、亮两面的色彩。

▶ 马克笔上色以爽快干净为好，不要反复地涂抹，一般上色不可超过四层色彩，若层次较多，色彩会变得乌钝，失去马克笔应有的神采。

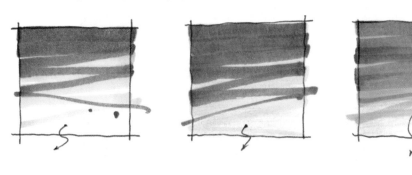

留白也能产生"满"的效果　　　　与彩铅结合的满涂效果　　　　留出"透气"的间隙

相近色的"渐变"

4.7 常见材质表现

材质分别从三个方面体现出来，即色彩、纹理、质感。色彩是环境空间的灵魂和气质，任何一种材料都会呈现出反映自身特质的色彩面貌，具有排他性。材料的色彩变化会构成典型环境中的主要色彩基调，并以其最强烈的视觉传播作用刺激观者的视觉，乃至导引人们的行为。纹理就是指材料上呈现出的线条和花纹。质感指对材料的色泽、纹理、软硬、轻重、温润等特性把握的感觉，并由此产生的一种对材质特征的真实把握和审美感受。

在表现时，除了注意马克笔用笔的方向还需要注意材质的纹理，以马克笔为主，加以彩铅过渡会取得较好的效果。

4.7.1 木材

木纹的表现主要是突出木材的粗糙纹理，主要表现在地板和较大的家具结构面上。纹理的线条要自然，要具有随机性，不要机械化的表现相同的纹理。

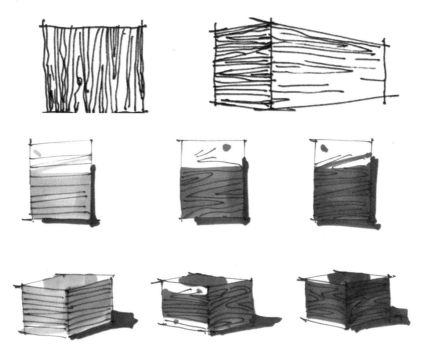

4.7.2 石材

天然石材的应用历史悠久，应用领域由基础、台阶、栏杆、石桌、雕塑、石碑、地面、墙体等扩大到墙面装饰板、卫生洁具、组合型新型地面装饰石材等，在园林建筑中，可利用天然石材建造假山林石、装饰室内外、雕刻雕塑。

石材轮廓凹凸不整齐，在线条描绘轮廓时可以自由随意些，表面粗糙可以用点的方式来突出石材的肌理。

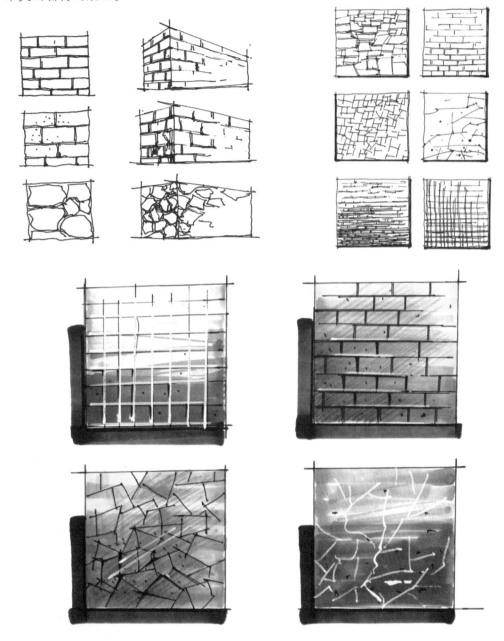

4.7.3 玻璃、金属材质

镜面材料和金属材料的反光质感很重要，镜面反光主要表现在家具的受光面、地板的反光、镜子的反光、玻璃的反光、电视机的反光等，金属材质在线条表达上和镜面材质是相同的，主要区分是固有色的不同。

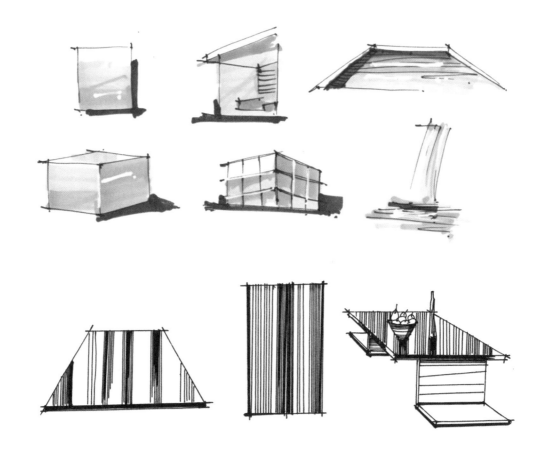

4.7.4 藤制品材质

　　室内装饰中常见的藤制品有椅子、沙发、茶几、凉席等等。手绘藤制品的表现是按照一定的规律来排线条的，通过线条的多少来表现其虚实感，在线条的把握上应该按照物品本身的排列顺序来细致刻画和表达。

4.7.5 编织物材质

　　编织物指各种原料、粗细、各种组织构成的花边、网罩等，特点是轻薄、有朦胧感。编织物是人们生活之中必不可少的物品，也是室内陈设的重要内容，常见的包括窗帘、抱枕、衣服、布艺沙发、纱幔、地毯、装饰娃娃等。它们一般有着丰富多彩的个性，在室内空间装饰中起到柔化空间的作用，其柔软的质感和丰富的色彩可给空间带来温馨和亲切感。在表现的过程中，用笔可以轻快一点，调节空间的色彩和场所的氛围。

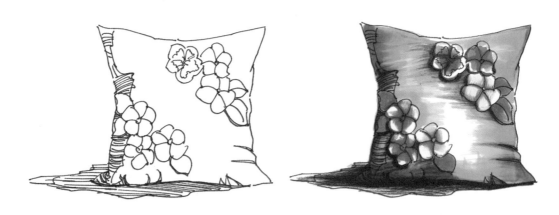

第 5 章

室内家具单体线稿训练

　　室内单体是室内设计表现中基础的组成部分，初学者可以从单体开始练习，它的好处是既练习了线条、透视，又掌握了单体元素，比纯粹练习线条要强而且有趣得多。

5.1 椅子

椅子是家具中必不可少的家具之一，椅子的种类很多，按材质主要分为实木椅、玻璃椅、铁艺椅、塑料椅、布艺椅、皮艺椅等；按使用功能分类主要有办公椅、餐椅、吧椅、休闲椅、躺椅等。

5.1.1 步骤详解

在绘制椅子之前首先了解椅子的一些尺寸，因为在绘制家具的时候涉及到一些比例大小问题。初学者往往把握不好比例，了解家具的尺寸对学习设计很有帮助。

工作座椅座高一般为 360～480mm，座宽为 370～420mm，座深为 360～380mm，腰靠长为 320～340mm，腰靠宽为 200～300mm。下面就来绘制工作座椅。

01 初学者把握不住工作椅的造型，可以用铅笔绘制沙发的基本造型，注意透视准确。

02 用中性笔画出工作椅的外形，用线流畅，转折部位要清晰。注意各个部位尺寸之间的关系。

03 进一步绘制。用简单的线条绘出形
体的转折关系即可，注意椅子的结构。

04 深入细节、添加阴影效果，注意虚
实变化。

5.1.2 单体练习

范例 1

范例 2

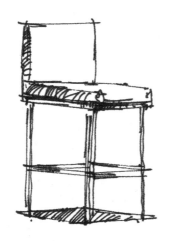

范例 3

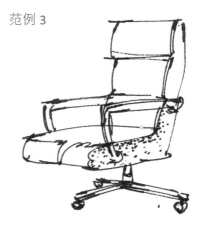

范例 4

范例 5

范例 6

范例 7

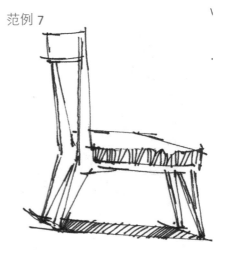

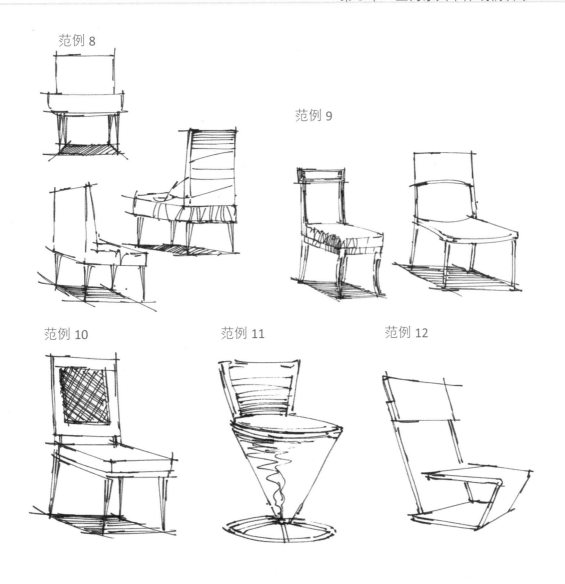

范例 8

范例 9

范例 10　　　　范例 11　　　　范例 12

5.2 沙发

沙发在家庭中有着重要的地位，往往能决定居室的主调，沙发具有分隔空间以及组织空间与人流的作用，除此之外沙发最基本的功能是日常用来休息、闲谈及会客。

5.2.1 步骤详解

● 范例 1　双人沙发绘制

双人沙发的长度为1260～1500mm，深度为800～900mm，座高为350～420mm，靠背高度为700～900mm，大家在画之前一定要先了解基本的尺寸，这样才能定位出准确的造型。

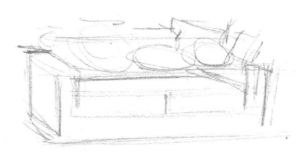

01 初学者把握不住透视，可以用铅笔绘制沙发的基本造型，注意透视准确。

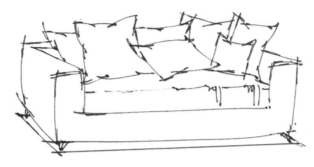

02 用中性笔画出沙发和抱枕的外形，用线要肯定用力，转折部位要清晰。注意各个部位尺寸之间的关系。

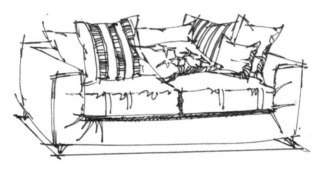

03 绘制抱枕和沙发，用简单的线条绘出形体的转折关系即可。在绘制抱枕的时候，注意材质的表现。

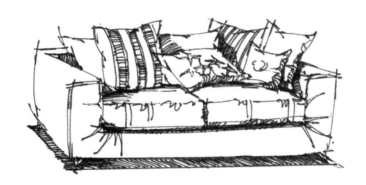

04 绘制沙发阴影，注意阴影部分不要刻画得太死，注意虚实的变化，沙发底部的阴影排线可以绘制整体。进一步刻画细节。

● 范例 2 单人沙发绘制

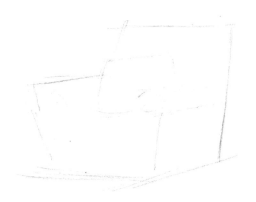

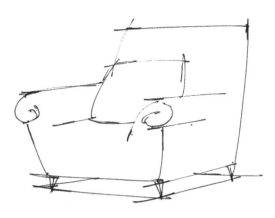

05 初学者把握不住透视，可以用铅笔绘制沙发的基本造型，注意透视准确。

06 用中性笔画出单人沙发和抱枕的外形，用线要肯定用力，转折部位要清晰。

07 绘制抱枕和沙发，用简单的线条绘出形体的转折关系即可。在绘制抱枕的时候，注意材质的表现。

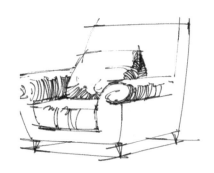

08 沙发阴影部分不要刻画得太死，注意虚实的变化，沙发底部的阴影排线可以绘制整体。进一步刻画细节。同时进一步刻画抱枕。

5.2.2 单体练习

范例 1

范例 2

范例 3

范例 4

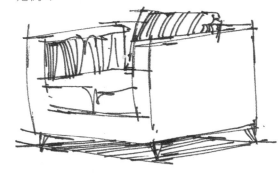

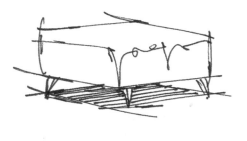

范例 5

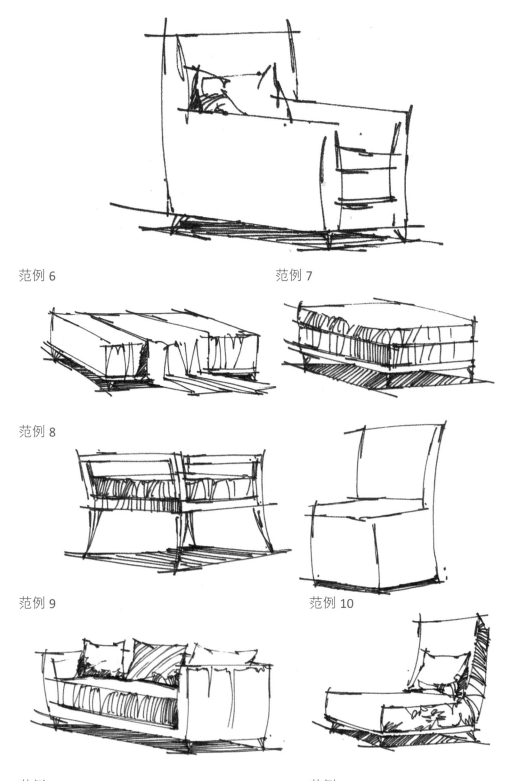

范例 6   范例 7

范例 8

范例 9   范例 10

范例 11   范例 12

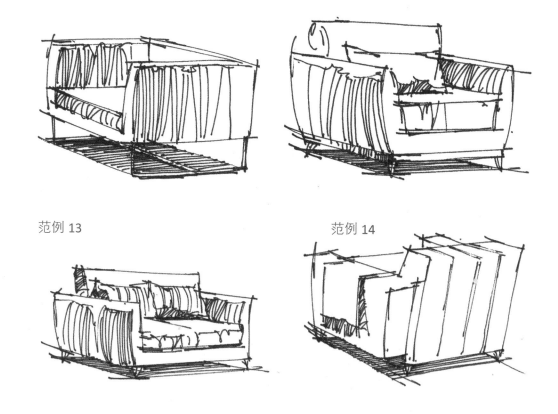

范例 13　　　　　　　　　　　　　范例 14

5.3 桌子

桌子是指由光滑平板、腿或其他支撑物固定起来的家具，它是家居装饰之一，一般包括餐桌、书桌和办公桌。

5.3.1 步骤详解

760mm×760mm 的方桌和 1070mm×760mm 的长方形桌是常用的餐桌尺寸，餐桌高一般为 710mm。而固定式书桌的高度为 750mm，深度为 450 ~ 700mm，活动式书桌深度 650 ~ 800mm，书桌长度最少为 900mm，（1500 ~ 1800mm 为最佳）。下面我们就来绘制书桌。

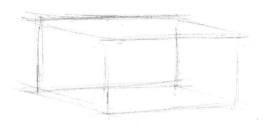 

01 初学者把握不住两点透视，可以用
铅笔绘制出桌子的大体透视，注意透视准确。

02 用中性笔画出书桌的外形，用线
要肯定用力，转折部位要清晰。

03 在单一的桌
子上加一些情景用
品，如计算机键盘和
植物。

04 绘制书桌
阴影，注意阴影部
分不要刻画得太
死，注意虚实的变
化，书桌底部的阴
影排线可以绘制整
体。进一步刻画细
节。

5.3.2 单体练习

范例 1

范例 2

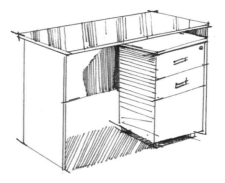

范例 3

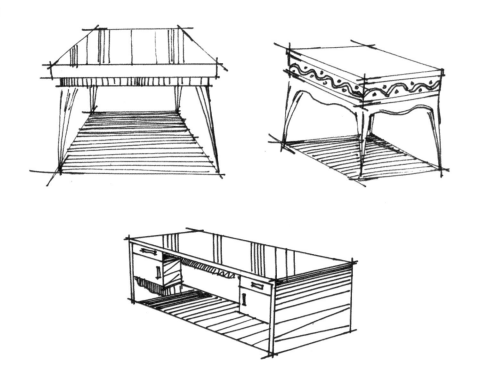

5.4 床

在卧室中，床是最重要的家具，它主要为使用者提供休息的功能。

5.4.1 步骤详解

首先来了解床体的大概尺寸。单人床的宽度为 900 ~ 1200mm，长度为 1800 ~ 2100mm。双人床的宽度为 1350 ~ 1800mm，长度为 1800mm ~ 2100mm。

01 初学者刚开始把握不住透视，可以用铅笔绘制出床的大体轮廓。

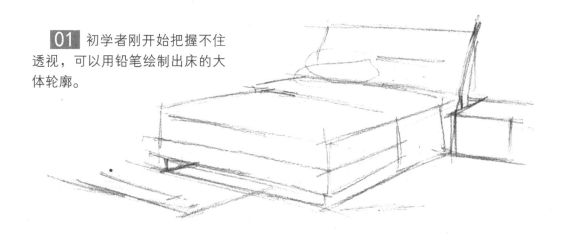

02 用中性笔绘制床的外形轮廓，用线要肯定用力，转折部位要清晰。注意各个物体之间的关系。

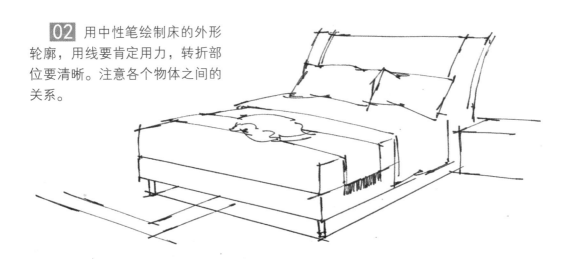

03 进一步绘制，简单交代物体之间的光影关系。

04 绘制家具阴影，注意阴影部分不要刻画得太死，注意虚实的变化，床底部的阴影排线可以绘制整体。进一步刻画细节，加强明暗对比。

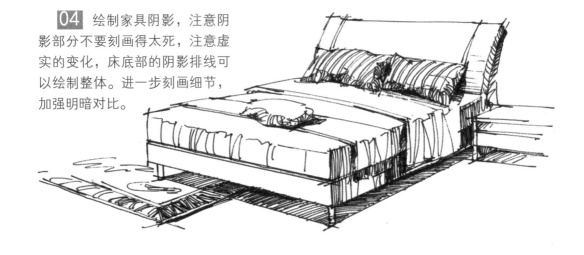

5.4.2 单体练习

范例 1

范例 2

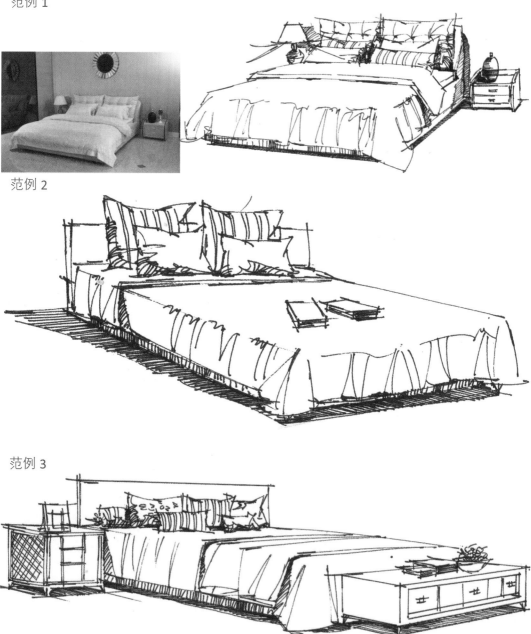

范例 3

范例 4

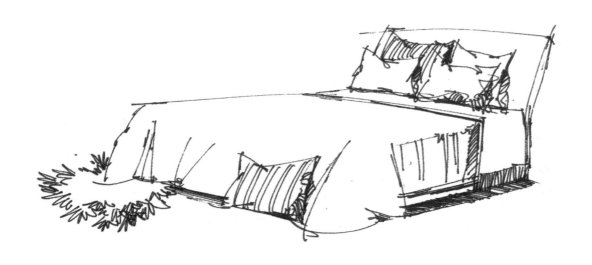

5.5 灯具

灯具是指能透光、分配和改变光分布的器具。现代灯具一般分为家居照明、商业照明、工业照明、道路照明、景观照明等,并且家居照明的灯具样式很多,不同样式的灯具具有不同的照明效果。

5.5.1 步骤详解

● 范例 1 吊灯绘制

灯具的形式多种多样,有简有繁,在这里举例一组较为复杂的吊灯作为步骤讲解。

01 用铅笔打稿,确定吊灯支撑线以及吊灯的大小,概括的画出灯罩的位置。

02 用绘图笔画出吊灯的外轮廓,注意吊灯的造型。

03 进一步绘制,完善灯具的细节,交代出吊灯的明暗关系。

● 范例 2　台灯绘制

04 用铅笔打稿,确
定台灯的大小,概括的画
出台灯的各个部位。

05 用绘图笔画出台
灯的外轮廓,注意台灯的造
型,特别是台灯的灯柱。

06 进一步绘制,完善台灯
的细节,交代出台灯灯柱的明暗
关系。

5.5.2 单体练习

范例 1

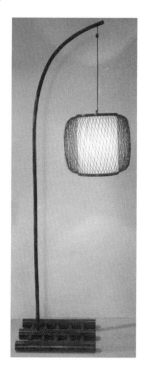 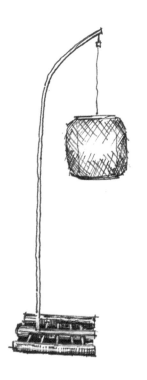

范例 2

范例 3

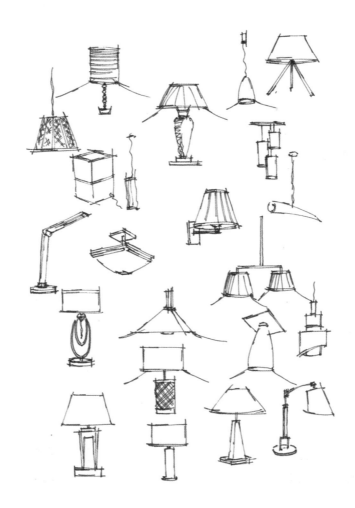

5.6 植物

　　人们的生活、工作、学习和休息等都离不开环境，环境的质量对人们的心理、生理起着重要的作用。室内布置装饰除必要的生活用品及装饰品摆设装饰外，不可缺少具有生命的气息和情趣，使人享受到大自然的美感，感到舒适。

　　室内观叶植物枝叶有滞留尘埃、吸收生活废气、释放和补充对人体有益的氧气、减轻噪声等作用。同时，现代建筑装饰多采用各种对人们有害的涂料，而室内植物具有较强的吸收和吸附这种有害物质的能力，可以减轻人为造成的环境污染。

5.6.1 步骤详解

　　室内绿化装饰是传统的建筑装饰的重要突破。它可以配合整个室内环境进行设计，达到人、室内环境与大自然和谐统一。

01 确定植物的基本位置，然后绘制盆栽植物的底座。

02 绘制植物的大体轮廓，注意绘制植物时用笔尽量流畅，以及植物叶片的转折。

03 进一步绘制植物，注意植物叶片上的叶脉走向。

04 进一步刻画植物，注意植物的明暗对比，同时刻画盆栽植物的底座，注意虚实变化。

5.6.2 单体练习

范例 1

范例 2   范例 3

范例 4   范例 5

范例 6

范例 7

5.7 装饰品

　　虽然家居装饰品并不是必备品，却是很重要的点缀品，有些家居装饰品不仅让整个家更充满温暖的味道，也能让我们置身于一个更加赏心悦目的环境中。

5.7.1 步骤详解

　　家居装饰品的种类有很多，有的是纯装饰的，有的比较有创意，实用且美观。下面我们就来绘制家居装饰品中的装饰画相框。

01 用铅笔绘制装饰画相框的大体透视。

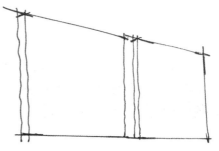

02 用中性笔绘制相框的大体外形。

03 进一步绘制相框，把装饰画相框的结构交代清楚。

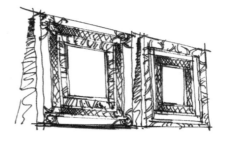

04 绘制装饰画相框的阴影效果，然后简单的绘制装饰画相框上面的装饰纹样，注意虚实变化。

05 进一步
刻画细节,加强相
框的明暗对比。

5.7.2 单体练习

范例 1

范例 2

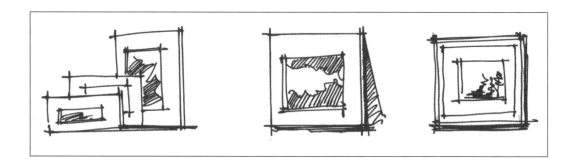

范例 3

5.8 柜子

柜子一般用于收藏衣物、鞋子、文件等用品的器具，常见的有方形或长方形，一般为木质或是铁质。

5.8.1 步骤详解

在绘制床头柜之前要了解一下柜子的一些尺寸。

床头柜一般高为 800mm 宽 550mm。而一般矮柜的深度为 350～450mm，柜门宽度为 300～300mm，高柜深度为 450mm，高度为 1800～2000mm。

大衣柜的高度为 2400mm 左右，其中放长衣物的高度为 1600mm。衣柜的深度一般为 600～650mm，而推拉门 700mm，衣柜门宽度为 400～650mm。

01 用铅笔绘制出床头柜的大体轮廓，注意床头柜的造型。

02 用中性笔绘制床头柜的外形，线条尽量简洁流畅。

03 进一步绘制床头柜，注意床头柜的细节刻画。

5.8.2 单体练习

范例 1

范例 2

范例 3

范例 4

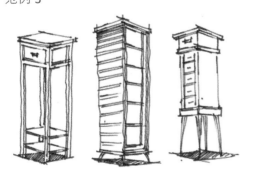

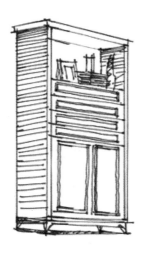

5.9 卫生间器具

随着经济的发展，设计行业的进步，卫生间的设计成果也变得越来越多样。卫生间的设计风格体现很大程度上在于卫生洁具的选择，卫生洁具常用的材质主要有陶瓷、玻璃钢、塑料、人造大理石（玛瑙）、不锈钢等。现在卫生洁具的功能不仅仅只是满足人们基本的使用要求，更要考虑其环保性。

5.9.1 步骤详解

卫生间器具一般有浴缸、洗面盆、坐便器和化妆台。浴缸的尺寸一般有三种，第一种是长度1220mm，第二种长度是1520，第三种长度是1680mm，宽度都是720mm，高度是450mm。坐便器的尺寸是750mm×350mm。化妆台的长度为1350mm，宽为450mm。下面就来绘制坐便器。

01 用铅笔绘制出坐便器的大体轮廓，注意坐便器的造型。

02 用中性笔绘制坐便器的外形，线条尽量简洁流畅。

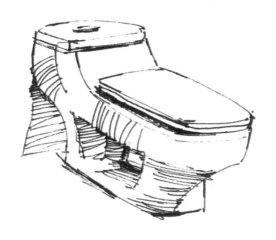

03 进一步绘制坐便器，注意坐便器细节刻画。用短曲线绘制出坐便器的质感。

5.9.2 单体练习

范例 1

范例 2

范例 3

范例 4

范例 5

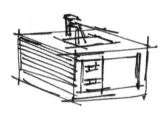 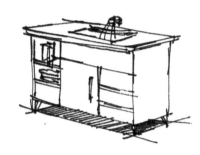

范例 6

  范例 7

范例 8

5.10 茶几

茶几一般分方形和矩形两种，高度与扶手墙的扶手相当。通常情况下是两把椅子之间夹一张茶几用以方杯盘茶具，故名茶几。

5.10.1 步骤详解

茶几的尺寸分为小型、中型、大型圆形和方形。

▶ 小型长方形茶几：长度 600~750mm，宽度 450~600mm，高度 380~500mm

▶ 中型长方形茶几：长度 1200~1350mm，宽度 380~500mm 或者 600~750mm，高度 380~500mm

▶ 大型长方形茶几：1500~1800mm，宽度 600~800mm，高度 330~420mm

▶ 圆形茶几：直径有 750、900、1050、1200mm 这四种，高度为 330~420mm

▶ 方形茶几：宽度有 900、1050、1200、1350、1500mm 这五种，高度为 330~420mm

并且三人沙发搭配茶几的大小为 1200mm×700mm×450mm 或 1000mm×1000mm×450mm。并且沙发和茶几的间距在 40~45cm 之间。

01 用铅笔绘制出茶几的大体轮廓，注意透视。

02 用中性笔绘制出茶几的大体轮廓。

03 进一步绘制茶几，注意明暗对比。

04 刻画细节，绘制茶几的投影，注意茶几材质的表达。在反光的桌面上可以用垂直的线条表示。注意茶几往往是和一些装饰品和植物进行搭配。这样可以生动画面。

5.10.2 单体练习

范例 1

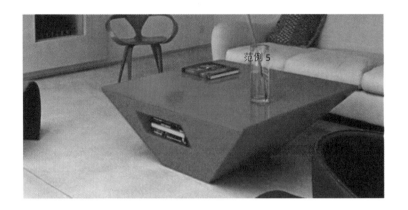

范例 5

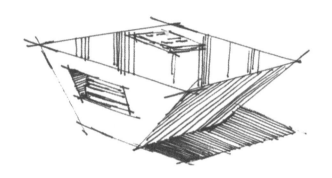

范例 2

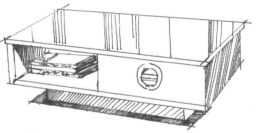

范例 3

范例 4

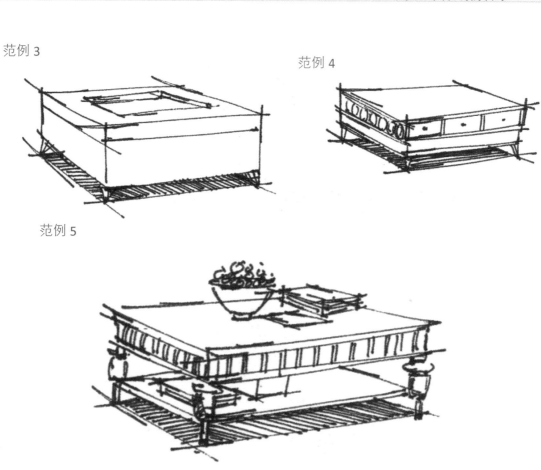

范例 5

范例 6

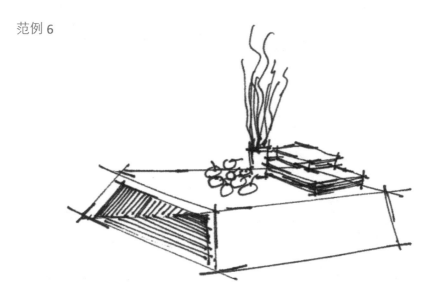

范例 7

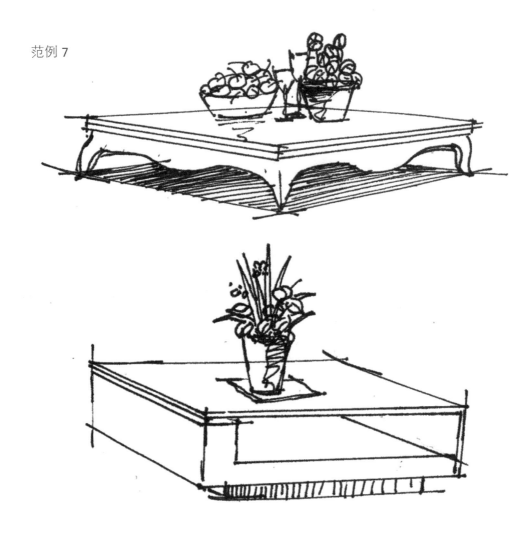

范例 8

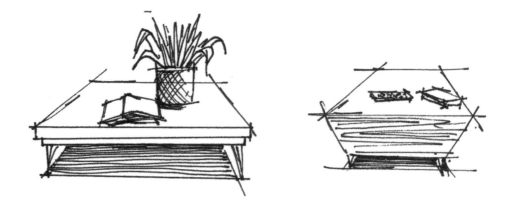

第6章

室内家具单体上色表现

　　家具是室内空间中不可缺少的一个重要部分，家具的最终价值是要在室内空间中来表现。

　　本章主要通过马克笔绘制单体家具来表现室内家具的形态、质感以及家具的风格。

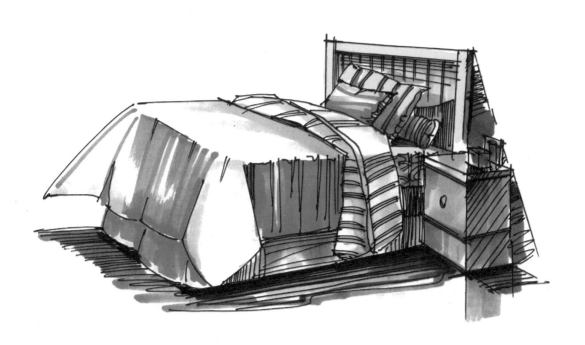

6.1 沙发

沙发在室内空间中扮演着越来越重要的角色。沙发不仅仅是坐姿休息功能的载体，其本身也参与到塑造室内空间的作用中。作为软件家具的一种，沙发有着其他硬质表面家具所没有的表现效果，安放的灵活性也使其在室内空间中更为活跃。沙发本身所具有的形式、特征、风格、色彩、内涵等因素都能对室内空间起到一定的作用，从而达到塑造室内空间的作用。

6.1.1 日式沙发

日式沙发最大的特点要数它的成栅栏状的小扶手和矮小的设计。这样的沙发最适合崇尚自然而朴素的居家风格的人士。小巧的日式沙发，体现着严谨的生活态度。因此日式沙发也经常被一些办公场所选用。

这种沙发对于老人也是适用的。因为对于一些腿脚不便，起坐困难的老人来说，硬实的日式沙发使他们感到更舒适，起坐也更方便。

01 用黑笔画出沙发的轮廓，沙发的透视关系可以简略的看成是一个方盒子靠在一起，注意阴影排线的疏密关系。

02 用 touch164 绘制沙发的亮部颜色；用 touch36 绘制暗部的第一层颜色；用 touch41 绘制沙发垫的暗部颜色，注意笔触轻重的变化来表现沙发的体积感。

03 用 touch169 加重沙发的暗部颜色，注意笔触的变化画出质感。

04 用 touch164、8、16 绘制抱枕的颜色，注意笔触干净利落。

05 用 touchWG2 绘制对应的颜色，用 touchWG6 绘制阴影，完成绘制。

6.1.2 真皮沙发

真皮沙发作为沙发家族的一员，以其庄重典雅、华贵耐用的特点为人们所喜爱。真皮沙发做到了经历时间的磨砺，经久不衰，以其富丽堂皇、豪华气派、结实耐用的特点一直受到人们的喜爱。

01 用墨线画出沙发的轮廓，同样的透视关系可以视作是两个方盒子。

02 用 touch97 给沙发上一层浅色，注意笔触干净利落表现沙发皮质的材质。

03 用 touch93 给上发的暗部上色，同样注意笔触干净利落，注意留白表现材质。

04 用 touch45 给靠枕上色。用 92 号给沙发加上阴影。

05 用 touch45 给沙发的四个脚上色，注意表现其体积感。用高光笔点出沙发的形体，体现皮质的质感，再用 92 号加深暗部，完成绘制。

6.1.3 简约沙发

简约沙发流畅的线条，简洁的构成，亮丽的色彩，组成了沙发的主旋律。谈不上高雅富丽，也不雍容华贵，但却楚楚动人，清新可爱。也许不会成为生活空间的主体，但可用以点缀生活空间，起到画龙点睛的装饰效果。

01 用墨线勾出轮廓，注意表现抱枕的线条要柔和，而画沙发的线条要快速干脆，注意阴影排线的疏密变化。

02 用02 touchCG1给沙发上一层浅色，用touch77、49、66、68分别给抱枕上色。注意留白和轻重变化。

03 用03 touch CG3
加深沙发的暗部，注意
表现抱枕在沙发上的影
子时，要快速干脆的去
画。用 touch76、45、63、
64 分别给对应的抱枕加
深暗部，注意画出抱枕
布艺的质感。

04 用04 touch WG6
给沙发加上暗部，注意不
要反复涂抹使暗部死板
不透气，至此绘制完成。

6.1.4　布艺沙发

休闲布艺沙发设计比较适合年轻人，设计比较符合现代社会，比较超前，沙发色彩丰
富，款式多样，挑选余地大，适合现代装修风格。

01 用墨线画出轮
廓，同样的用方盒子的形
式来确定其透视关系。

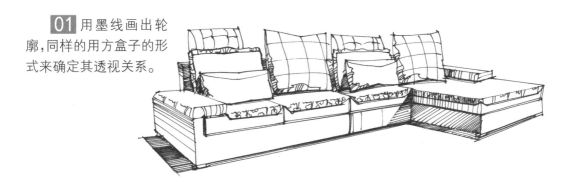

02 用 touch136、147 绘制沙发与抱枕的第一层颜色,注意轻重的变化表现其材质。

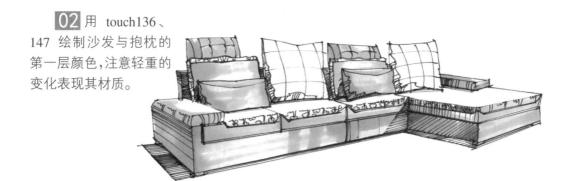

03 用 touch132、75、8 绘制抱枕的颜色,注意笔触的变化和上色的区域以表现抱枕的材质。

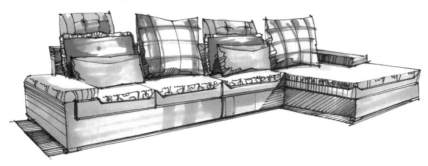

04 用 touch84 加重沙发的暗部,用 touch76 加重抱枕的暗部,注意颜色的渐变,增强沙发与抱枕的体积感。

05 用 touchWG3 绘制地面的阴影,调整画面,完成绘制。

6.2 椅凳

椅凳是一种有靠背、有的还有扶手的坐具。它是家具中最重要的成员之一，在家居生活中随处可见，椅子作为家庭生活必不可少的家具，除了实用以外，椅子设计也能起到美化室内的作用。

6.2.1 欧式沙发椅

欧式家具是欧式古典风格装修的重要元素，以意大利、法国和西班牙风格的家具为主要代表。讲究手工精细的裁切雕刻，轮廓和转折部分由对称而富有节奏感的曲线或曲面构成，并装饰镀金铜饰，结构简练，线条流畅，色彩富丽，艺术感强，给人的整体感觉是华贵优雅，十分庄重。

01 用墨线勾勒出轮廓，注意靠背金属花纹的结构关系。

02 用 touch141 给金属扶手、凳脚、靠背上色，注意留白。

03 用 touch140 给金属部分上暗部的颜色，注意画出体积感，继续给皮质的部分上色，注意画出皮质的材质。

04 用 touch22 加深皮质的暗部，突显体积感；用红色系与紫色系彩铅丰富椅子的暗部颜色。

05 用 touch91 刻画暗部细节，用 touch102 加重凳脚的暗部，用 touchWG4 绘制阴影，绘制完成。

6.2.2 休闲椅

用于休闲，如晒日光浴，一般为塑钢结构，有扶手，可调节坐、卧、半卧的角度；休闲椅给您的生活带来无限舒适、时尚的家居生活享受，简洁明快的线条充分发挥人性的内涵。

01 用墨线勾勒出轮廓，注意休闲椅的透视关系，注意阴影排线的疏密变化。

02 用 touchBG1 给椅子上一层浅色，用 touch66 和 39 给靠垫上色，注意留白。

03 用 touchBG3 加深椅子的暗部，touch33 和 63 给靠垫加深暗部，注意笔触的变化。

04 用 touchBG5 刻画椅子的暗部，突显体积感。

05 用高光笔点缀画面，完成绘制。

6.2.3 中式贵妃椅

贵妃椅其实就是躺椅或斜椅，大部分只有一边有扶手，扶手同时又具有枕头的作用。中国古时的贵妃椅是女人的专属家具，它有着优美玲珑的曲线，靠背弯曲，靠背和扶手浑然一体，可以用靠垫坐着，也可以把脚放上面斜躺，椅子与女人的身体线条配合的天衣无缝。通常大家对贵妃椅的印象，就是非常中式的木质斜躺椅。

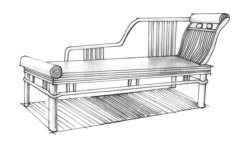

01 用墨线勾勒出轮廓，注意椅子扶手和靠背的曲线要随着椅子的形体来画。

02 用 touch141 绘制椅子的第一层颜色，注意亮部的留白。

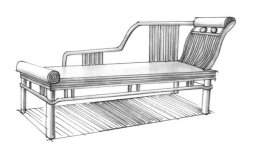

03 用 touch44 加深椅子的暗部颜色，突显体积感。

04 用 touch41 进一步加深椅子的暗部，用 touchWG2、WG4 绘制阴影，完成绘制。

6.2.4 简约办公椅

办公椅，是指日常工作和社会活动中为工作方便而配备的各种椅子。狭义的定义是指人在坐姿状态下进行桌面工作时所坐的靠背椅，广义的定义为所有用于办公室的椅子。

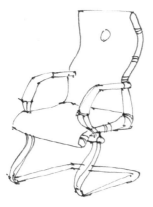

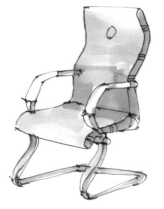

01 用墨线勾勒出轮廓，注意椅子的透视关系，特别是两个扶手的透视。

02 用 touchCG1 给椅子上一层浅色，注意金属部分的表现。

 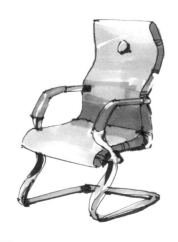

03 用 touchCG3、CG5 加深暗部，注意不要画的太死板。用 touch31 画扶手，注意留白体现体积感。

04 用高光笔点出亮部，完成绘制。

6.3 桌子

桌子是一种常用家具，有光滑平板、由腿或其他支撑物固定起来的家具，可以在上面放东西或做事情，常用以吃饭、写字、工作或玩牌。

6.3.1 木餐桌

实木餐桌是以实木为主要材质制作成的供进餐用的桌子。

01 用墨线勾勒出轮廓，注意桌子的透视关系。

02 用 touch24 给桌子上一层浅色，注意笔触画出木桌的质感。用 touch77 和 59 分别给花盆和植物上一层浅色，注意笔触的轻重变化。

03 用 touch31 给桌子压深暗部，突显体积感，注意笔触的变化。用 touch15 给果子点缀一些颜色。

04 用 touch93 给桌子加深暗部，使体积感更明显，注意笔触的方向。用 touchCG1 画出盘子的阴影。用 touch47 给植物上色，注意画出体积感。

05 用修正液点缀桌子的亮部突显其材质，用 touchWG4 给桌子画上阴影，注意轻重和笔触的变化。绘制完成。

6.3.2 欧式装饰桌

欧式装饰桌具有典型的欧式风格，强调线形流动的变化，色彩华丽。在室内摆上一张这样的桌子时，显得大方实用、洁净亮丽，能为家居增添一份现代色彩。

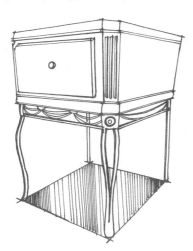

01 用墨线勾出轮廓，注意阴影的排线。

02 用 touch107 绘制桌子的第一层颜色，表现木质材质的固有色。

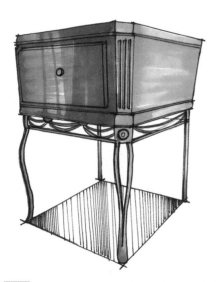

03 用 touch103、21 加重桌子的暗部，注意笔触的方向。

04 用 touch97 绘制亮部的第二层颜色，用 touch93 加重桌腿的颜色，增强体积感。

05 用 touchWG3 绘制地面的阴影，用 touchWG4 加重颜色的绘制，注意不要画得太死。

06 用高光笔绘制桌子结构的反光，增强画面的空间立体感，调整画面，完成绘制。

6.3.3 中式炕桌

我国北方、日本及朝鲜都有过使用的一种家具。和普通桌子的形状相同，四条腿，高约 20~40cm。供人们在床上吃饭，写字等时使用，十分方便，快捷。原是一种可放在炕、大榻和床上使用的矮桌子，基本式样也可分为无束腰和有束腰两种。有些炕桌造型更矮小而精致，称炕几或炕案，现放在双人或三人沙发前的矮桌也有叫炕桌的。

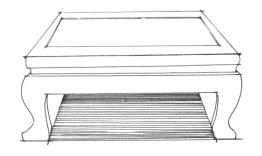

01 用墨线勾出轮廓，注意画桌子的线条要干脆利落。

02 用 touch142 给桌面上一层浅色，注意笔触的变化。

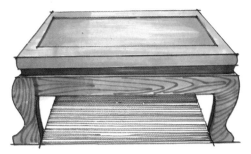

03 用 touch24 加深桌子的暗部颜色，用 touch100 绘制木质桌子的纹理。

04 用 touch21、102 进一步绘制暗部的颜色，注意不要画的太死。

05 用 touchWG3 绘制地面阴影，用 touchWG4

加重阴影；用高光笔点出形体，使画面更生动，完成绘制。

6.3.4 玻璃面桌

简单的玻璃面桌融合了现代简约风格，以简洁的造型、完美的细节，营造出时尚前卫的感觉。

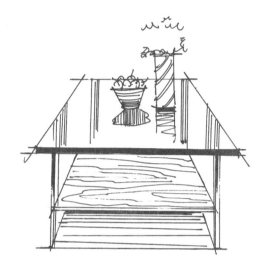

01 用墨线勾出轮廓，注意桌子的透视关系。

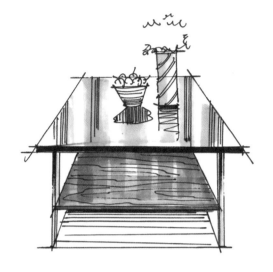

02 用 touch144 绘制玻璃的第一层颜色，注意笔触的轻重变化和留白，用 touch41、100 绘制桌子木质材料的颜色，注意笔触的运用。

03 用 touch8、16 绘制水果的颜色；用 touch167、46、52 绘制植物的颜色；用 touch67 绘制花瓶与水果盘的颜色，与玻璃上的倒影。

04 用 touchBG5 加重桌脚的颜色；用 touchWG6、WG4 绘制阴影，完成绘制。

6.4 床

床是供人躺在上面睡觉的家具。经过千百年的演化，如今不仅是睡觉的家具，也是家庭的装饰品之一了。

6.4.1 现代简约木床

现代简约木床融合了现代风格家居设计表现中简约而不简单，时尚而又典雅，极具后现代主义经典设计元素，现代简约木床深沉、雅致又不失灵性，非常适宜年轻时尚一族使用。

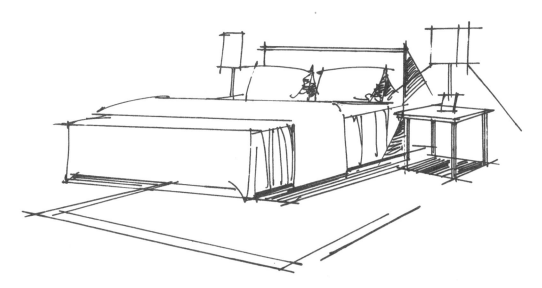

01 用墨线勾勒出轮廓，注意各形体的透视比例关系和地毯边的表现。

02 用 touch139 绘制床罩的暗部颜色，用 touch103 绘制木质床头的颜色，注意笔触的变化与留白关系的表现。

03 用 touch37 绘制床被的亮部颜色，注意扫笔笔触的运用；用 touch104 绘制床被的暗部颜色，注意横向笔触的运用；用 touch8 绘制抱枕的颜色，注意亮部的留白，表现出抱枕的体积感。

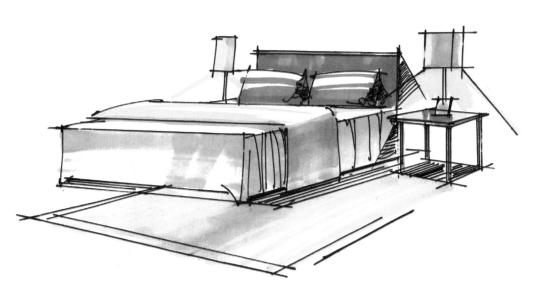

04 用 touch37 绘制灯罩与灯光的颜色，用 touch34 加重灯罩的暗部，表现出体积感；用 touch144 绘制床头柜上装饰品的颜色；用 touch36 绘制地毯的第一层颜色，注意颜色的渐变。

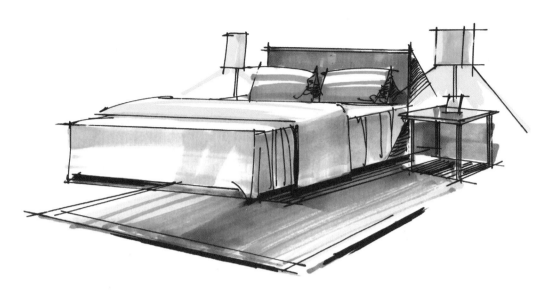

05 用 touchWG2 加重床罩的暗部；用 touchWG4 绘制墙面的暗部；用 touch103 绘制地毯的第二层颜色，注意排笔笔触；整体调整画面，完成绘制。

6.4.2 平板床

由基本的床头板、床尾板、加上骨架为结构的平板床，是一般最常见的式样。虽然简单，但床头板、床尾板，却可营造不同的风格。

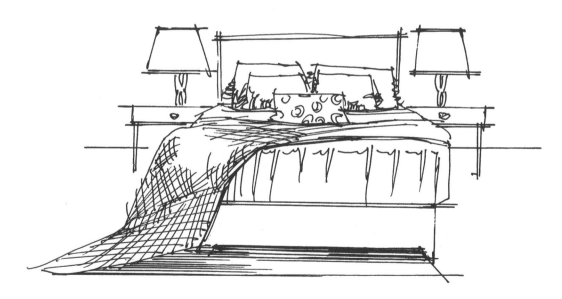

01 用墨线勾勒出轮廓，注意各形体的透视比例关系和床单花纹的表现。

02 用 touch103 绘制木质床架与床头柜的颜色，用 touch104 绘制床垫的暗部颜色，注意笔触的排列与变化。

03 用 touch37 采用快速扫笔的方式绘制床单的两部颜色，用 touch76 绘制床单的暗部颜色，注意留白关系的表现，画出床单的厚度与质感。

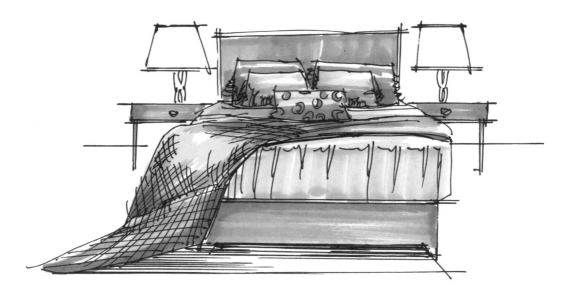

04 用 touch139、37 绘制枕头的亮部颜色，用 touch16、8、84 绘制枕头的暗部颜色，注意表现枕头的体积感。

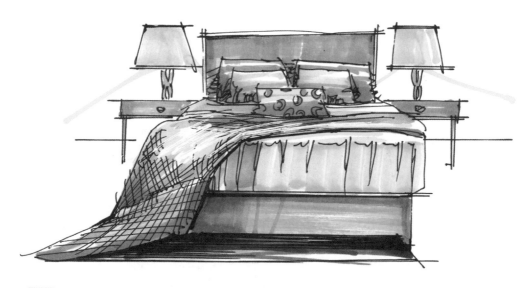

05 用 touch139 绘制台灯的颜色，用 touch37 绘制灯光的颜色；用 touchWG2 进一步压重床垫的暗部颜色；用 touchWG6 绘制画面的阴影，用高光笔提取画面的高光，整体调整画面，完成绘制。

6.4.3 时尚布艺床

时尚布艺床，这个为现代居室带来一丝温暖，一缕阳光的宠儿，用它那温暖而又安静的怀抱，安抚着每一颗疲惫的心。布艺床，采用简约的设计风格，强调健康舒适的设计理念，形成既保留温馨又充满时尚节奏的独特产品。

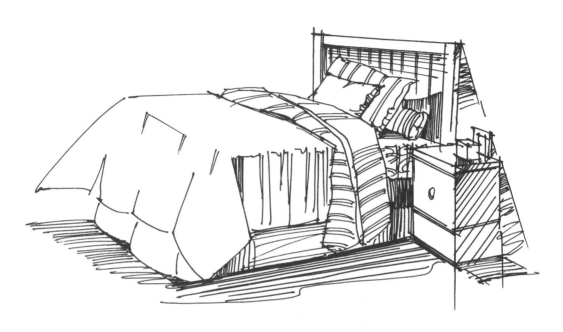

01 用墨线勾勒出轮廓，注意透视的把握；用线条的排列表现画面的暗部，区分大体的明暗关系。

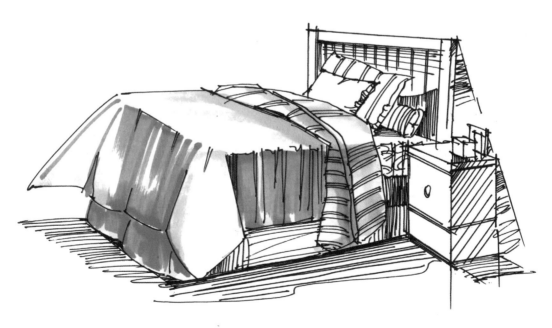

02 用touch136绘制床被的亮部，注意留白关系的表现；用touch8、36绘制床被的暗部，注意笔触的变化；用touch144绘制床罩对应的颜色，注意表现布质材料的柔软

质感。

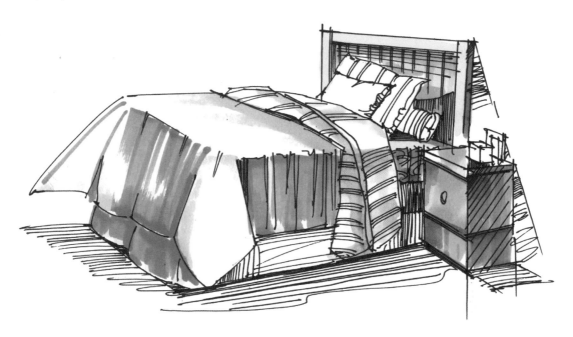

03 用 touch37、34 绘制木质床头与柜子的亮部颜色，用 touch41 绘制床头的暗部，用 touch103 绘制柜子的暗部，注意笔触的变化。

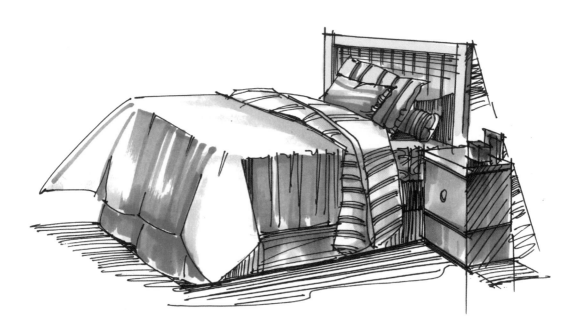

04 用 touch41、8、136、37 会制造枕头的颜色；用 touch67、8 绘制床头柜装饰品的颜色；用 touchCG2 绘制床垫的暗部颜色。

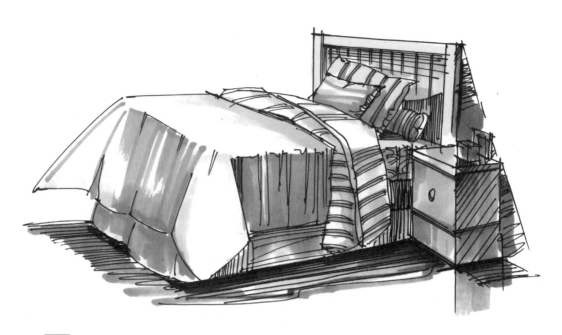

05 用 touchWG4 绘制地面阴影的暗部颜色，用 touchWG6 进一步加重画面的暗部颜色；整体调整画面，完成绘制。

6.4.4 四柱床

　　最早来自欧洲贵族使用的四柱床，让床有最宽广的浪漫遐想。古典风格的四柱上，有代表不同风格时期的繁复雕刻；现代乡村风格的四柱床，可籍由不同花色布料的使用，将床布置的更加活泼，更具个人风格。

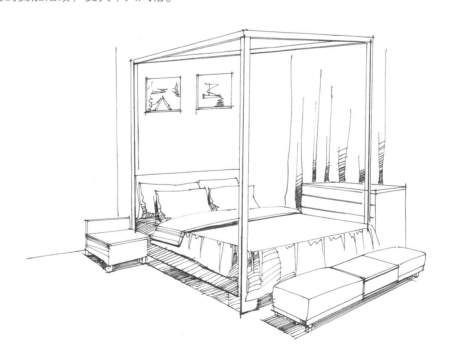

01 用墨线勾勒出轮廓，注意床的透视关系和布材质的表现；给对应的部分加上阴影的排线，注意排线的变化和疏密关系。

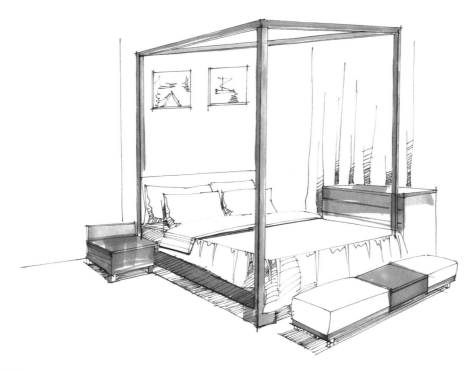

02 用 touch103 绘制床木质材料的暗部，用 touch140 绘制木质材料的亮部。

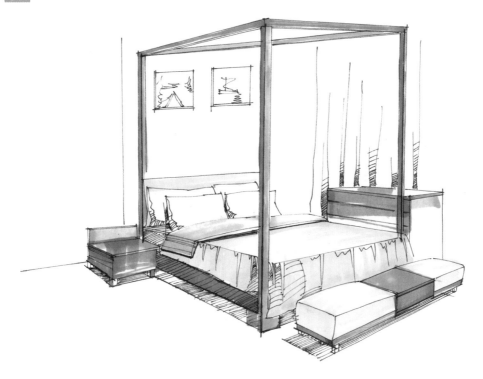

03 用 touch141、139 绘制床罩的暗部颜色，注意亮部的留白和笔触轻重的变化。

04 用 touchWG2 绘制墙面的颜色，注意笔触的方向；用 touchWG1 绘制枕头的颜色，用 touch136 绘制窗帘的颜色；注意配合线稿来上色，使颜色依附在形体之上。

05 用 touch175、144 绘制装饰画的颜色；用 touchWG2 绘制地面的颜色，注意笔触的排列。

06 用 touch36 丰富床罩的颜色；用 touchWG3、黑色彩铅加重画面的暗部颜色，整体调整画面，完成绘制。

6.5 茶几

茶几通常情况下是两把椅子中间夹一张茶几，用以放杯盘茶具，故名茶几。它一般分为方形、矩形两种，高度与扶手椅的扶手相当。茶几按材质分为大理石茶几、木质茶几、玻璃茶几、藤竹茶几等。茶几一般放置在经常走动的客厅、会客厅等地方，它不一定摆放在沙发前面的正中央处，它可以放在沙发旁，落地窗前，并且可以同时搭配茶具、灯具、盆栽等装饰，并展现另类的居家风情。

6.5.1 中式木质茶几

中式木制茶几的天然材质，产生与大自然的亲近感，色调温和、工艺精致，适合与沉稳大气的沙发家具相配。

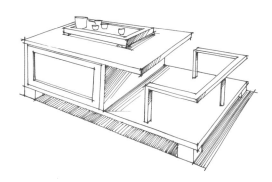

01 用墨线勾勒出轮廓，注意暗部与阴影线条的排列。

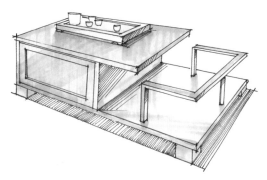

02 用 touch25 给茶几上一层浅色，注意笔触的变化与留白。

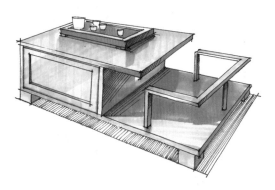

03 用 touch97 加深木茶几的暗部，画茶几出上物品留下的影子，注意留白。

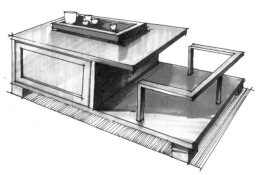

04 用 touch102 加深茶几的暗部，并进一步刻画茶几上物品留下的影子。

05 用 touch34 丰富桌面的亮部颜色，用 touchWG3 会制造阴影，用高光笔绘制桌面结构的反光，调整画面，完成绘制。

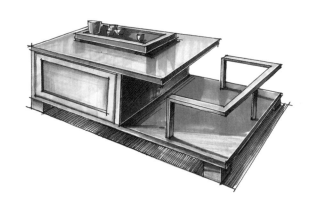

6.5.2 欧式大理石茶几

纯天然大理石面，具有独特的天然图案和色彩，其石面飘逸自然、典雅、高贵、结构紧密，质地如玉，颜色亮丽，易清洁，抗污，抗菌，卫生无毒，耐磨，耐热，耐冲击力。加上其非再生性的超凡增值能力，故倍受世界各地人们的宠爱珍藏。

01 用墨线勾勒出轮廓，注意用线条表现出大理石茶几和植物刚柔的对比。

02 用touchWG2给大理石茶几上一层浅色，用 touchGG1 给桌腿上色，用touch175、132 给植物上色，注意画出柔软的质感。

03 用 touchGG3 加深大理石茶几桌腿的暗部，注意笔触的方向，用 touch100 加重植物颜色，用 140 绘制书本颜色。

04 用褐色彩铅绘制花盆，用褐色系与黑色加深大理石茶几的暗部，画出大理石的质感。

05 用 touch25 绘制桌面的反光，用 touchGG3 绘制地面阴影，用高光笔点出大理石材质的亮部，调整画面，完成绘制。

6.5.3 现代简约茶几

现代简约茶几,造型简洁不失个性,不经意间营造了一种内在的时尚气息,与生活融合一体。不仅在会客的时候发挥着巨大的作用,而且也是装点客厅的一道亮丽的风景线。

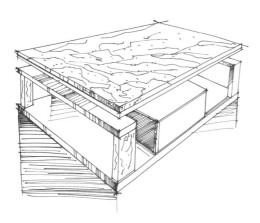

01 用墨线勾勒出轮廓,注意茶几的透视关系。

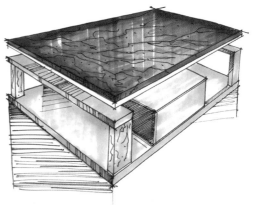

02 用 touchCG2 绘制茶几桌面的颜色,用 touchCG5 加重桌面颜色,用 touch137 绘制茶几颜色。

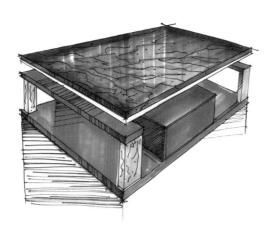

03 用马克笔 touch103 绘制茶几木质材料的颜色,注意笔触的运用。

04 用 touch97、91、CG5 加深茶几暗部,画出体积感。

05 用 touch145、134 丰富茶几的颜色；用 touchWG3 绘制阴影颜色；用黑色彩铅压重茶几的暗部，增强体积感，用高光笔绘制茶几的反光，完成绘制。

6.5.4 美式茶几

此美式茶几具有强烈的美式风格。采用樱桃木，气势恢弘、壮丽华贵、雕梁画栋、金碧辉煌，造型讲究对称，色彩讲究对比，精雕细琢、瑰丽奇巧。适用于美式风格的客厅，颇显大气风范。

01 用墨线勾勒出轮廓，注意透视关系。

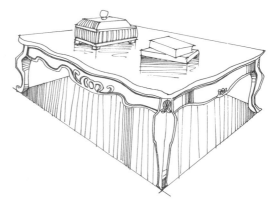

02 用 touch25 会制造茶几的表面的第一层颜色，注意笔触的变化。

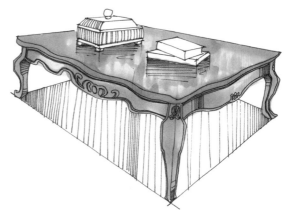

03 用 touch103 加重茶几的暗部与倒影的颜色，用 touchWG2 绘制书本的颜色，注意笔触的变化。

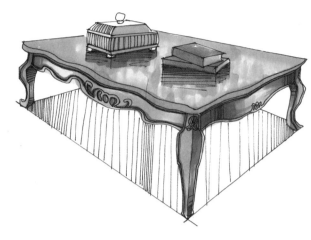

04 用 touch142 丰富茶几亮部的颜色，注意采用快速扫笔的方式上色。

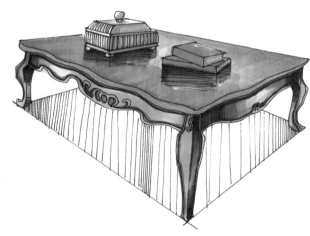

05 用 touchWG2 给茶几镂空的部分加上阴影，用修正液点出形体，调整画面，完成绘制。

6.6 灯具

室内灯具是室内照明的主要设施，为室内空间提装饰效果及照明功能，它不仅能给较为单调的顶面色彩和造型增加新的内容，同时还可以通过室内灯具造型的变化、灯光强弱的调整等手段，达到烘托室内气氛、改变房间结构感觉的作用。

6.6.1 台灯

外形较小，放在桌子上的灯具，起局部照明作用。其中有一类专供读书写字用的书写台灯，它的灯罩亮度、灯罩遮挡发光体的角度、照明面积和亮度都有利于减轻视疲劳和保护视力。

01 用墨线勾勒出轮廓，注意台灯细节花纹的刻画。

02 用 touch141 给台灯绘制第一层颜色，注意笔触的变化。

03 用 touch169、140 绘制台灯的第二层颜色，注意留白。

04 用 touch104、21 进一步加重台灯的暗部，用 touchWG3 绘制阴影，完成绘制。

6.6.2 壁灯

安装在墙壁、建筑支柱和其他立面上的灯具，安装高度更接近于水平视线，因此，需要严格控制发光面亮度。根据发光情况可分为光源显露、漫射、条状和定向照明 4 种类型。

01 用墨线勾勒出轮廓，注意用线条画出灯罩的体积感。

02 用 touch45 给金属部分上一层浅色，注意轻重的变化和留白。

03 用 touch29 给灯罩上一层浅色，注意留白和笔触的方向，用 touch33 加深金属部分的暗部，注意依照线稿的形体来画。

04 用彩铅 404 号画出光线，调整画面，完成绘制。

6.6.3 装饰落地灯

落地灯常用作局部照明，不讲全面性，而强调移动的便利，对于角落气氛的营造十分实用。落地灯的采光方式若是直接向下投射，适合阅读等需要精神集中的活动，若是间接照明，可以调整整体的光线变化。

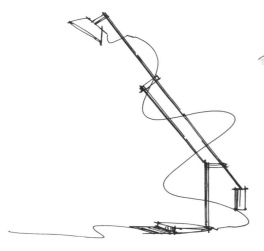

01 用墨线勾出轮廓，注意灯罩的形状，在灯柱上画出体积感，用线要自然流畅。

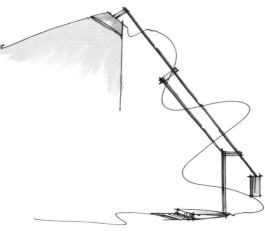

02 用 touch37 绘制灯光的颜色，用 touchCG2 给灯罩与灯柱部分上色。

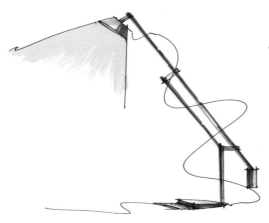

03 用 touchCG3 加深灯罩与灯柱部分的阴影。

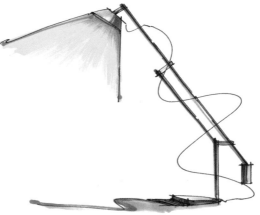

04 用 touch22 加重灯光颜色，用 touchCG5 绘制地面的阴影，完成绘制。

6.6.4 欧式吊灯

吊装在室内天花板上的高级装饰用照明灯。吊灯无论是以电线或以铁支垂吊，都不能吊得太矮，阻碍人正常的视线或令人觉得刺眼。以饭厅的吊灯为例，理想的高度是要在饭桌上形成一池灯光，但又不会阻碍桌上众人互望的视线。吊灯的花样最多，常用的有欧式烛台吊灯、中式吊灯、水晶吊灯、羊皮纸吊灯、时尚吊灯、锥形罩花灯、尖扁罩花灯、束腰罩花灯、五叉圆球吊灯、玉兰罩花灯、橄榄吊灯等。用于居室的分单头吊灯和多头吊灯两种，前者多用于卧室、餐厅；后者宜装在客厅里。吊灯的安装高度，其最低应离地面不小于 2.2 米。

01 用墨线勾勒出轮廓，注意灯罩的透视关系，画出体积感。

02 用 touch49 给金属部分和灯罩上色，注意留白和笔触的方向。

03 用 touch45 加深金属部分的暗部，注意画出体积感。用 touchCG1 给植物的叶子上色，画出金属的质感。

04 用彩铅 404 画出光线，用高光笔画出金属反光的部分，调整画面，完成绘制。

6.7 洁具

卫生洁具是现代建筑中室内配套不可缺少的组成部分，既要满足功能要求，又要考虑节能、节水的功能。家居卫生洁具指人们洗涤用具的器具，用于卫生间和厨房，如洗面器、坐便器、浴缸、洗涤槽等，为其配置的排水产品称为卫生洁具配件。卫生洁具主要由陶瓷、玻璃钢、塑料、人造大理石（玛瑙）、不锈钢等材质制成。 其中陶瓷卫生洁具质地洁白、色泽柔和、结构致密、强度较大、热稳定性好。

6.7.1 台式陶瓷面盆

安装在台面上，盆体上沿在台面上方的面盆，本身的形式美，造型简洁，没有多余装饰，让人有一种清澈自然的感觉。

01 用墨线勾勒出轮廓，注意透视关系。

02 用 touchCG1 给面盆上一层浅色，用 59 号给植物上色。

03 用 touchCG3 给龙头上色，注意留白，用 touch45 给花朵上色，用彩铅 383 给花瓶上色。

04 用 touch15 点缀花朵，用 touchCG5 画出阴影，注意要配合形体来画，用高光笔点出龙头的高光，调整画面，完成绘制。

6.7.2 陶瓷浴缸

浴缸供淋浴之用，通常装置在家居浴室内，陶瓷浴缸由陶瓷瓷土烧制而成，外观釉面光洁，提高了浴室整体档次。它的优点是观赏性好、材质厚实以及耐用使用。

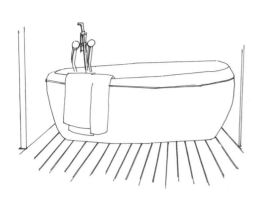 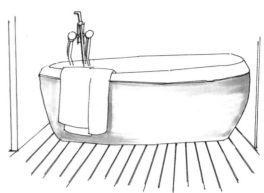

01 用墨线勾勒出线稿，注意浴缸的透视关系。

02 用touch132、CG2绘制浴缸的第一层颜色，注意笔触方向随着形体来画。

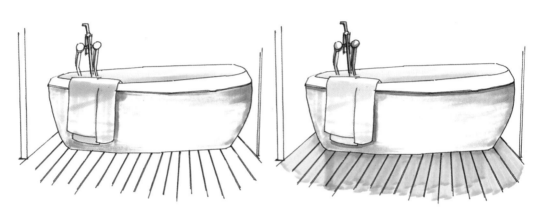

03 用touch141绘制浴缸的亮部颜色，注意笔触运用；用touch179绘制浴巾的颜色，注意颜色的过渡。

04 用touch34绘制木质地板的颜色，注意笔触的透视关系要与地板的透视关系一致。

05 用touchWG3绘制墙面的颜色，调整画面，完成绘制。

6.7.3 台式半嵌盆

台式半嵌盆兼具了台上盆整洁容易打理的特点，又没有台上盆过高的造型局限，简单大方，时尚简约。

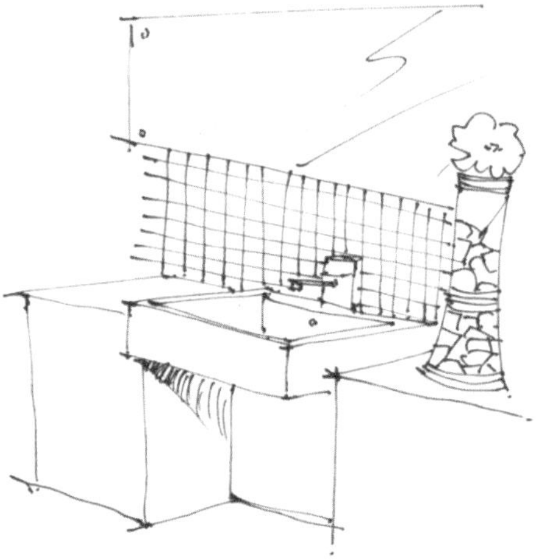

01 用墨线勾勒出轮廓，注意墙上马赛克的透视。

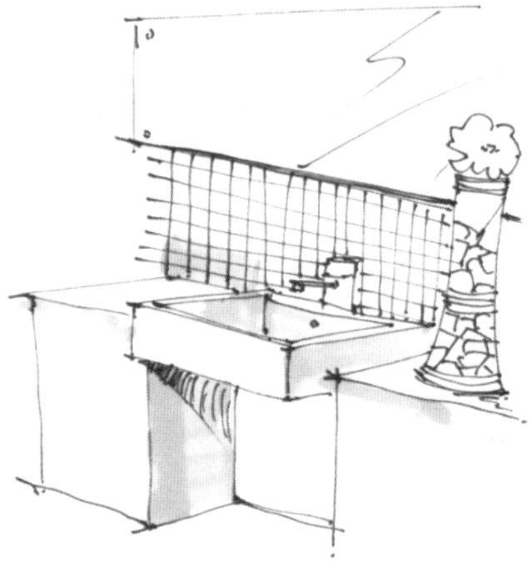

02 用 touchCG1 给面盆和台面上色，注意留白和笔触的变化。

03 用 touchCG3 给对应的部分加深阴影，给马赛克上色。用 touch45 给花瓶上色，用 touch178 给玻璃上色，注意画出质感。

04 用 touchCG5 给洗手台加深阴影，用 touch15 点缀花瓶和花朵，用 touch97、93 和 CG3 给马赛克上色，用高光笔点出亮部，调整画面，完成绘制。

6.7.4 连体坐便器

连体坐便器是一种坐便器与水箱为一体的卫生间用具。其冲洗管道有虹吸式，也有冲落式。这款连体式座便器外观小巧朴实，透着一股简约之美。陶瓷釉面光洁晶亮，全包式设计美观大方，放置于小面积浴室整洁大气节省空间。

01 用墨线勾出轮廓，注意墙上马赛克的透视关系。

02 用 touchCG1 给洁具上色，注意留白和笔触的方向。用 touch67 给墙面上色，用 touchWG1 给地面上色，用 touch59 植物上色。

03 用 touchCG3 画出洁具的阴影，注意笔触的变化。

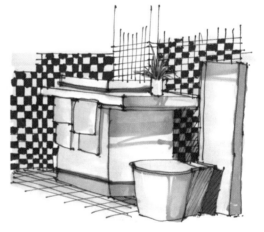

04 用 touch29 给毛巾上色，用墨线画出墙面的马赛克，注意分布关系，不要画错了，调整画面，完成绘制。

6.8 柜子

柜子是收藏衣物、文件等用的器具，方形或长方形，一般为木制或铁制。

6.8.1 储物柜

储物柜一般分为家庭储物柜和商务储物柜等，主要用来方便人们存储不同的物品从而进行分门别类。而且对于空间较小的家庭或者宿舍来说，储物柜更是必备物品，能够充分利用好空间来容纳较多的生活物品，而且也能够很好地装饰人们的居家环境。

01 用墨线勾出轮廓，注意透视关系。

02 用 touch25 绘制柜子的亮部颜色，用 touch34 绘制亮面的反光。

03 用 touch107、97 绘制柜子的暗部颜色，注意颜色的渐变关系。

04 用 touch144、183 绘制花瓶与装饰摆设的颜色；用 touch172、46 绘制植物叶子的颜色，用 touch8、16 绘制花朵的颜色，注意马克笔笔触的变化。

05 用 touch93 加重柜子的暗部颜色；用 touchWG3、WG6 绘制阴影；整体调整画面，完成绘制。

6.8.2 矮柜

矮柜应该是每个家庭都必备的家具之一，可以用做装饰，也有一定的实用功能。矮柜的材质主要有板式和实木两种，钢制与玻璃也有，各式不同的矮柜承担了电视柜、文件柜等各种功能。

01 用墨线勾出轮廓，注意装饰品和矮柜的透视关系。

02 用 touch141 绘制矮柜木质材料的颜色，用 touch145 绘制矮柜金属材料的颜色，用 touch28 绘制柜子的暗部第一层颜色。

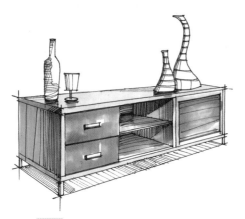

03 用 touch103 绘制木质的暗部，用 touchWG3 加重金属的第二层颜色，注意笔触的变化。

04 用 touchCG4 绘制装饰品的颜色，用黑色彩铅压重画面的暗部颜色，调整画面，完成绘制。

6.8.3 斗柜

斗柜是一种主要用于存放东西的柜子，其收纳能力很强，便于收纳小型物品，但其功能比较单一。

01 用墨线画出轮廓，注意曲线的绘制要自然流畅。

02 用 touch68 给柜子上一层浅色，注意笔触的变化和留白。

03 用 touchWG1 加深柜子的刻画，注意笔触的方向和变化。用 touch100 绘制花纹的颜色，注意颜色不要涂得太死。

04 用 touch57 加重柜子颜色，用 touchWG2、WG6 绘制阴影，用高光笔点出高光部分，调整画面，完成绘制。

6.8.4 鞋柜

鞋柜的主要用途是来放置闲置的鞋，随着社会的进步和人类生活水平的提高，从早期的木鞋柜演变成现在多种多样款式和材质的鞋柜。

01 用墨线勾出柜子与鞋子的轮廓，注意透视关系。

02 用 touch107 给柜子上第一层颜色，注意轻重的变化和笔触的方向。

03 用touch16、17、179、67、48、44、 25、34、WG6 分别绘制鞋子的颜色，注意 不要画得太死。

04 用 touchWG2、107 绘制柜子的暗 部颜色，增加细节。

05 用 touch100 丰富柜子的亮部颜色， 用 touch102 加重暗部颜色，用 touchWG3 绘 制阴影颜色，调整画面，完成绘制。

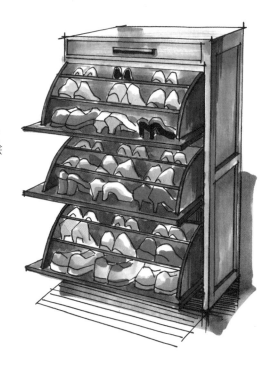

6.9 室内植物

　　室内绿化装饰是指按照室内环境的特点，利用以室内观叶植物为主的观赏植物，结合 人们生活的需要，对使用的器物和场所进行美化装饰。这种美化装饰是根据人们的物质生活与精神生活的需要出发，配合整个室内环境进行设计、装饰和布置，使室内室外融为一体，体现动和静的结合，达到人、室内环境与大自然的和谐统一，它是传统的建筑装饰的重要突破。

6.9.1 酒瓶兰

酒瓶兰属观叶植物，它的茎干苍劲，基部膨大如酒瓶，形成其独特的观赏性状；其叶片顶生而下垂似伞形，婆娑而优雅，是热带观叶植物的优良品种，目前在国内广为引种栽培。它可以多种规格栽植作为室内装饰：如以精美盆钵种植小型植株，置于案头、台面，显得优雅清秀；以中大型盆栽种植，用来布置厅堂、会议室、会客室等处，极富热带情趣，颇耐欣赏。

01 用墨线勾出植物的轮廓，注意花盆的透视关系。

02 用 touch167 给植物与花盆上第一层颜色，注意轻重的变化和笔触的方向。

03 用touch46、58 加重叶子的暗部颜色，增强叶子的体积感。

04 用touch53 进一步加重叶子的暗部颜色，用 touch169、42 加重树干的颜色，注点笔笔触的运用。

05 用 touch58、75 加重花盆的暗部颜色，增强体积感，注意笔触的走向。

06 用 touch164 丰富花盆的颜色，用 touchGG5 进一步加重花盆暗部。

07 用 touchGG3 绘制地面阴影，用 touchGG5 加重暗部，注意不要画得太死。

08 用高光笔提取盆栽的高光，调整画面，完成绘制。

6.9.2 水仙

水仙，属石蒜科，多年生草本植物，原产中国，水仙花是从荆州开遍全国的。此属植物全世界共有 800 多种，其中的 10 多种如喇叭水仙、围裙水仙等具有极高的观赏价值。水仙原分布在中欧、地中海沿岸和北非地区，中国的水仙是多花水仙的一个变种。花为白色，呈伞房花序，叶狭长带状，水仙根具有清热解毒的功效。水仙花花语为思念、团圆。

01 用墨线勾勒出轮廓，绘制暗部线条，确定大体的明暗关系，注意画出植物叶子之间前后穿插关系的表现。

02 用 touch167、36 给植物上色。

03 用 touch37 绘制花的颜色，用 touch46、58 加深植物的暗部，画出体积感。

04 用 touch53 进一步加深植物叶子的暗部颜色，用 touch38、132、49、91 绘制花朵与植物根部颜色。

05 用 touch36、140 绘制花盆的亮部，用 touch103 绘制花盆的暗部，注意表现花盆的额体积感。

06 用 touchWG3 绘制暗部阴影，用 touchWG4 加重暗部颜色，整体调整，完成绘制。

6.9.3 散尾葵

散尾葵又名黄椰子，为丛生常绿灌木或小乔木。茎干光滑，黄绿色，无毛刺，嫩时披蜡粉，上有明显叶痕，呈环纹状。可作盆栽观赏。可作观赏树栽种于草地、树荫、宅旁，也用于盆栽，是布置客厅、餐厅、会议室、家庭居室、书房、卧室或阳台的高档盆栽观叶植物。在明亮的室内可以较长时间摆放观赏，在较阴暗的房间也可连续观赏 4 ~ 6 周，观赏价值较高。

01 用墨线勾勒出轮廓，注意叶子的自然形态特征，切勿画得太过死板。

02 用 touch167 绘制叶子的颜色，注意马克笔揉笔笔触的运用。

03 用 touch172 绘制叶子的第二层颜色，注意笔触要配合叶子的生长形态来画，用 touchCG2 给花盆上色。

04 用 touch46 压出植物的暗部，注意不要压得太死，用 touchCG5 给花盆的暗部上色。

05 用 touchCG5 绘制地面的阴影，用 touch16 丰富画面的颜色，调整画面，完成绘制。

6.9.4 罗汉松盆景

罗汉松盆景的小苗通常用播种、扦插等人工繁殖手法取得。山野中也有野生的罗汉松，一般生于石缝中。可选植株矮小，枝干古雅，姿态优美的移栽。

01 用墨线勾勒出轮廓，注意画出罗汉松叶子的体积感。

02 用 touch167 给叶子上色，注意笔触的轻重变化和留白，画出体积感。

03 用 touch46 给植物的暗部上色，用 touch132 给枝干上色，注意笔触的变化。

04 用 touch56 加重植物叶子的暗部，用 touch100 绘制树干的暗部，注意不要画得太死。

05 用 touch140、132 绘制花盆的颜色，注意花盆陶瓷材质的表现。

06 用 touchWG3、97 加重花盆的暗部颜色，注意笔触方向要根据花盆的结构走向选择。

07 touchWG4 绘制地面用阴影，用高光笔点出植物暗部的高光，调整画面，完成绘制。

6.9.5 合果芋

合果芋又称长柄合果芋、白蝴蝶，为天南星科合果芋属多年生草本观叶植物。合果芋株形优美，叶形别致，色泽淡雅，清新亮泽，富有生机，深受人们的喜受。同时它栽培管理方便，耐阴性强，中小盆种植极适合用来布置会议室、客厅、书房、办公室及卧室等处，其美化装饰自由度大，可以多种方式利用，以形成不同的观赏效果，如可作攀附栽培，布置于室内转角处；可作小盆直立种植，通过摘心，促其分株，形成繁茂株形，置于案几、台架陈设欣赏；也可作悬垂栽培，吊挂在厅堂窗前。

01 用墨线勾勒出植物的轮廓，注意每片叶子的透视关系。

02 用 touch48 给叶片亮部上色，注意笔触的方向要随着植物的形体来画，用touch59 给草上色。用touchCG3 画出花瓶的体积感加上影子。

03 用 touch59 带一下叶片的颜色，注意用笔的方向要依据植物的形体。

04 用 touch51 压深叶片的暗部，注意 不要压得太死。用 touchCG5 加深影子的暗 部。

05 用高光笔点出形体。调整画面，完 成绘制。

6.10 室内装饰品

装饰品在室内设计中常用作画龙点睛，通过一幅字画、一盆花草、一块花布、甚至一个很小的摆件，都能在室内传递生命的气息。不同于家具的厚重，饰品的轻巧和机动灵活能给人一种清新的感受，以此来改变室内的气氛，体现人的思想和观念。由于工艺技术的不断进步以及高新科技手段的应用，装饰品在室内环境中的作用已超越了单纯的美化环境的功能，成为设计中的重要环节。

6.10.1 艺术装饰品

我们的生活逐渐被标准化、统一化、程式化所淹没，因此失去了艺术个性，所以人们在心理上必然会去追求自然、朴实和个性，而纯艺术品恰好以它强烈的个性和极高的观赏价值弥补了人的这一心理需求。这也是此类装饰物常用于装饰室内空间的原因。这些作品本身都具有较高的艺术性，在构图、色彩及内容上都有独到的风格和个性，一旦成为室内装饰的一分子时，往往能形成室内环境的视觉中心，对设计主题起到画龙点睛的作用。

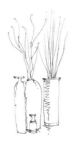  

01 用墨线画出轮廓，注意装饰品的体积感。

02 用彩铅 407 和 439 给装饰品上一层浅色，注意要随着物体的形态来画。

03 用 touchWG4 带一下装饰品的暗部。

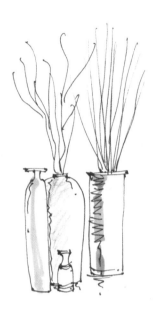

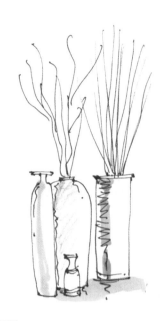

04 用 touch47 带一下装饰品的暗部，突显体积感。

05 用 touchWG1 画出影子，调整画面，完成绘制。

6.10.2 工艺装饰品

　　现代的家居装饰品，仅仅实用是不够的。越来越多的设计者融入巧妙的心思，将美化家居的功能应用在平凡的工艺装饰品上。工艺装饰品以其独具特色的美感，近年来越来越受到人们的青睐，工艺装饰品拥有极高的自由度，无论是简约、奢华、古典或是现代都能被其淋漓尽致地展现出来。

01 用墨线勾勒出轮廓，注意画出人物大体的动态，用排线表现暗部，区分出大体的明暗关系。

02 用 touch164、134 绘制工艺品的第一层颜色，注意笔触的轻重变化和留白。

03 用 touch34、24 绘制工艺品的暗部颜色，表现出人物的体积感。

04 用 touch27、137 绘制裙子的颜色，注意笔触的走向根据结构的走向选择。

05 用 touch22 进一步丰富工艺品暗部颜色，用 touchWG2 绘制地面阴影。

06 用褐色系、紫色系彩铅压重结构的暗部，整体调整画面，完成绘制。

6.10.3 陶瓷装饰

陶瓷通过各种方式、技法进行艺术加工，能提高产品的艺术性和档次。装饰可在施釉前对坯体进行，也能在釉上、釉下和对釉本身进行。常用的具体方法有单色釉、杂色釉（窑变釉、花釉）、结晶釉、裂纹釉、釉上彩、釉下彩、釉中彩、金银彩、斗彩、贴花、喷花、印花、刷花、刻花、划花、剔花、塑雕等。以上各种装饰方法，可以单项运用，也可综合运用。

范例 1

01 用墨线画出轮廓，注意花瓶上的花纹不要画得太平。

02 用彩铅 447 号给花瓶上一层浅色，注意留白和体积感的表现。

03 用 touch178 带一下花瓶的暗部，用 touchWG4 给花纹上色，注意要按照形体的明暗关系来画。

04 用 touchWG 6 加深花纹的暗部，调整画面，绘制完成。

范例 2

01 用墨线画出轮廓，注意体积感的表现。

02 用 touch134、175、8 绘制陶瓷装饰花纹图案的颜色。

03 用 touch138、24 加重花朵的颜色，
用 touch42 加重植物叶子的颜色，注意笔触
的变化。

04 用 touch145、143 绘制陶瓷暗部的
颜色，注意留白关系的表现。

05 用 touch103 绘制木质摆座的颜色，
可以采用平涂的方式。

06 用 touch91 加重木质摆座的颜色，
注意笔触的变化。

07 用 touchWG3 绘制地面的阴影，用
高光笔绘制结构的反光，调整画面，完成绘
制。

6.11 家具陈设单体练习

6.11.1 沙发单体练习

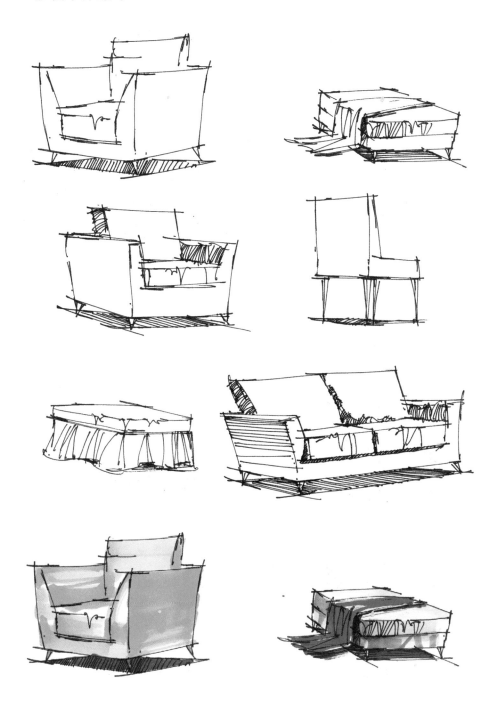

6.11.2 椅子单体练习

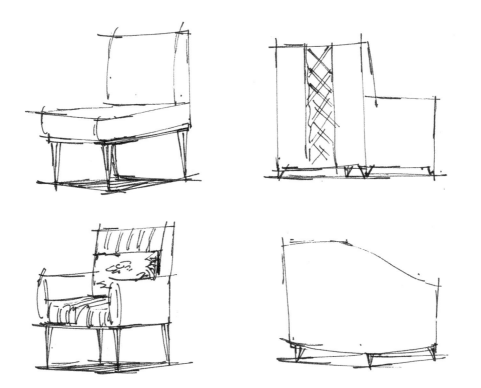

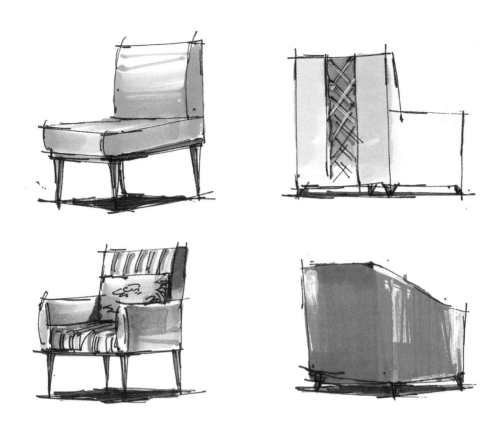

6.11.3 茶几单体练习

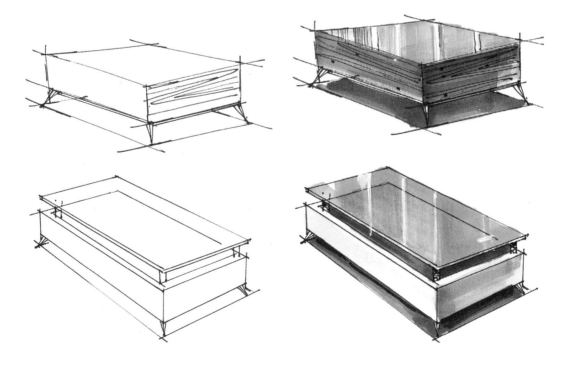

6.11.4 灯具单体练习

6.11.5 洁具单体练习

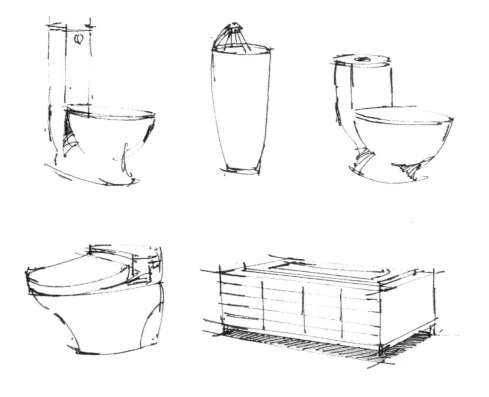

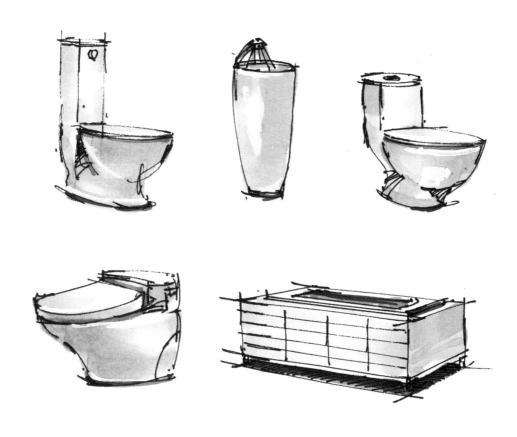

6.11.6 橱柜单体练习

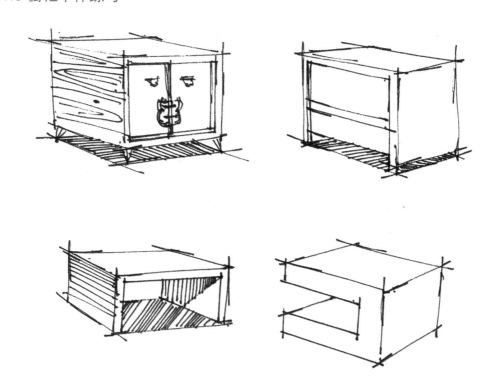

6.11.7 室内植物单体练习

第 7 章

室内家具单体组合线稿训练

通过前面章节的学习，对家具的结构和尺寸有了初步的认识。本章接下来讲解如何使用中性笔来绘制室内家具单体组合。

7.1 沙发组合

对现代人的生活而言，沙发已经成为不可缺少的家居用品。沙发按用料分为皮沙发、实木沙发、布艺沙发和藤艺沙发，按照风格分为欧式沙发、中式沙发、日式沙发、美式沙发和现代家具沙发。不同材质和不同风格的沙发手绘表现方式不同，所以在表现家具空间的时候要结合家具的特点以及配饰、造型、材质和尺度关系等进行搭配。

7.1.1 步骤详解

沙发组合是室内空间当中比较难画的物体，因为它是完全由几个长方体切割组合变化而成的。下面讲解一下现代家具沙发的绘制步骤。

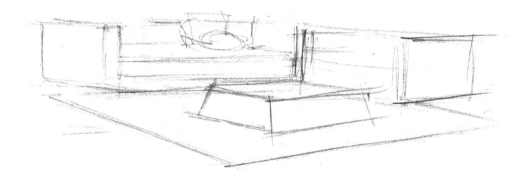

01 初学者把握不住透视，可以用铅笔绘制沙发的基本造型，注意透视准确。在绘制的过程中，可以先把沙发归纳为两个长方体，然后进行绘制。

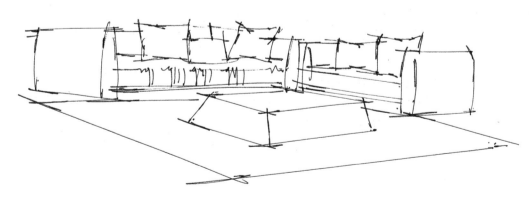

02 用中性笔画出沙发、茶几、地毯的外形，注意用线流畅、肯定，转折部位要清晰，注意各个部位尺寸之间的关系，在绘制靠垫的时候靠垫左右的弧线是斜的。

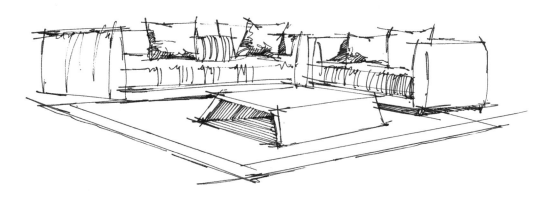

03 进一步绘制，交代出沙发的明暗关系。用简单的线条绘出形体的转折关系即可。注意沙发的结构。沙发两边的突起的轮廓可以把它画成弧线，这样使沙发看起来柔软。

04 深入细节、添加阴影效果。注意虚实变化。首先进一步刻画靠垫，加强靠垫的明暗关系，然后绘制地毯，注意地毯纹理的虚实变化。

05 进一步细致刻画主体细节，注意地毯明暗的过渡变化。最后加强沙发的明暗对比。

范例 2

01 初学者把握不住透视，可以用铅笔绘制沙发的基本造型，注意透视准确。

02 用中性笔画出沙发、靠垫、茶几和落地灯的外形，注意用线流畅、准确、有力、肯定，转折部位要清晰。

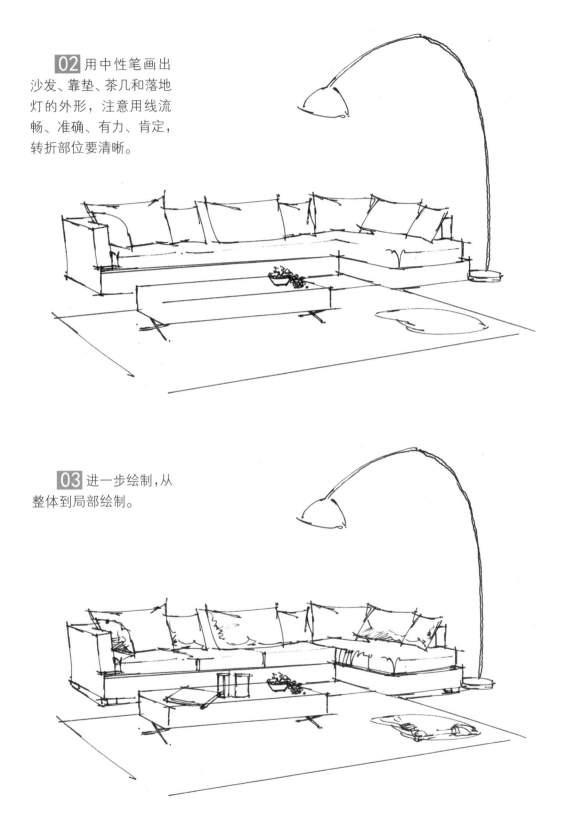

03 进一步绘制，从整体到局部绘制。

04 添加家具对应的阴影。

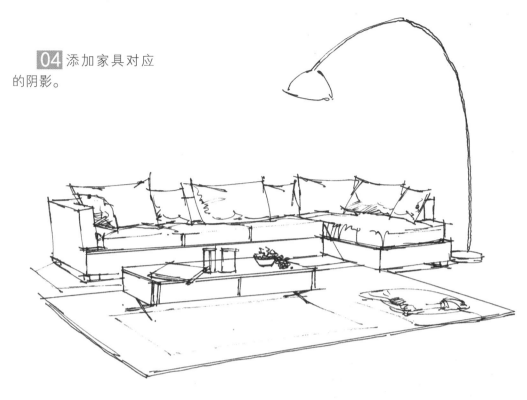

05 从整体入手到局部刻画，进一步细致地刻画主体细节，注意投影的虚实变化，然后进一步刻画靠垫，靠垫要画出弹性的感觉，同时加强靠垫的明暗关系，注意拉开物与物之间的距离。最后绘制地毯，注意地毯纹理的虚实变化，以及地毯的厚度。

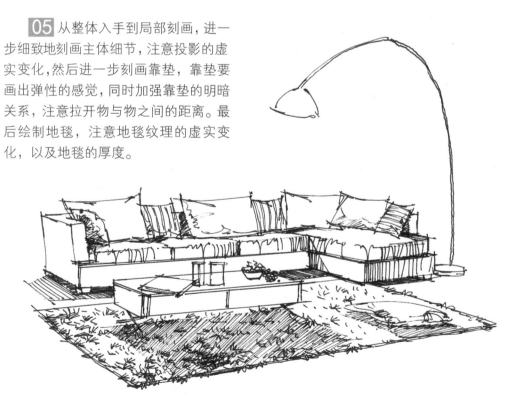

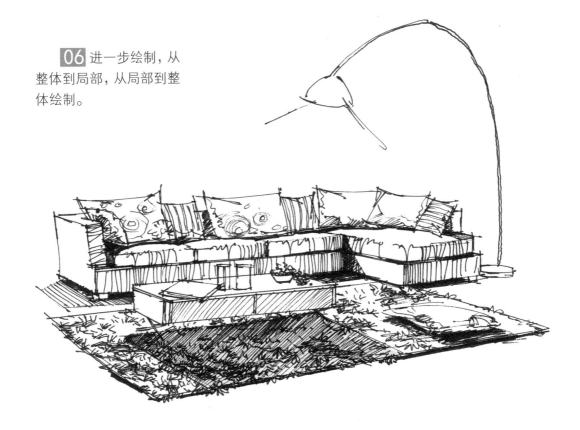

06 进一步绘制，从整体到局部，从局部到整体绘制。

7.1.2 组合练习

范例 1

范例 2

范例 3

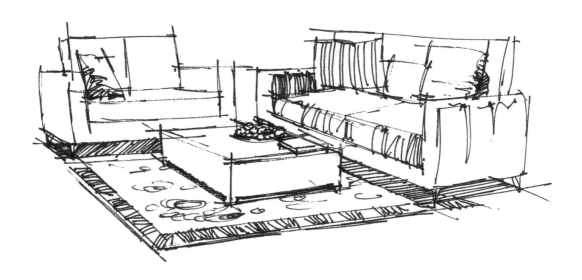

7.2 床具组合

床具是卧室中的主角，并且床具的风格可以左右整个卧室的风格。床具组合，是卧室中最重要的家具，是主人每天最放松的地方，卧室床有很多种，布艺床、皮艺床、铜床、铁床、木质床等。

7.2.1 步骤详解

床具的组合一般有床、床头柜、台灯和地毯。床是卧室中最重要的部分，也是在手绘中最难画的一种家具。在绘制的过程中只要记住，床和沙发一样都是由长方体演变而成，那么绘制床具组合就简单多了。

01 初学者把握不住透视，可以用铅笔绘制出床的基本造型，注意透视准确。在绘制的过程中，可以先把床和床头柜归纳为两个长方体，然后进行绘制。

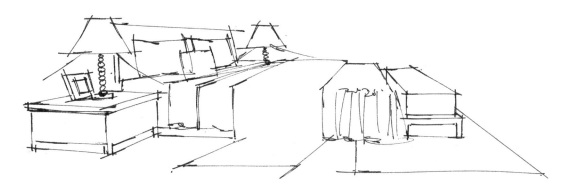

02 用中性笔画出床、床头柜、台灯和地毯的外形，注意家具的透视、比例、体积要协调，以及各个部位尺寸之间的关系，在绘制靠垫的时候靠垫左右的弧线是斜的。最后画台灯，并加上台灯光线的照射感，运笔要有力度。注意在绘制家具的过程中用线要流畅、肯定，转折部位要清晰。

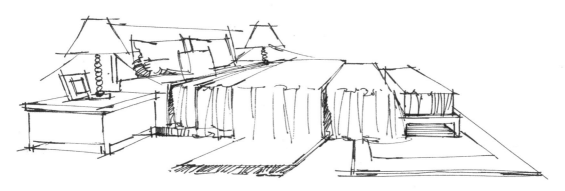

03 进一步绘制，交代出床的明暗关系，用简单的线条绘出形体的转折关系即可。注意床上面毯子的转折面，线条尽可能地流畅。

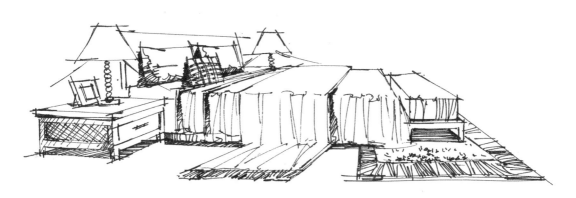

04 深入细节、细节服从整体，添加家具对应的阴影效果。注意投影的虚实变化。进一步刻画靠垫，靠垫要画出弹性的感觉，同时加强靠垫的明暗关系，注意拉开物与物之间的距离。最后绘制地毯，注意地毯纹理的虚实变化，以及地毯的厚度。

05 从整体入手做局部刻画，进一步细致地刻画主体细节，注意地毯明暗的过渡变化，最后加强床的明暗对比。

范例 2

01 初学者把握不住透视，可以用铅笔绘制出家具的基本造型，注意透视准确。

02 用中性笔画出沙发、靠垫、台灯、床头柜和地毯的外形，注意用线流畅、准确、有力、肯定，转折部位要清晰。

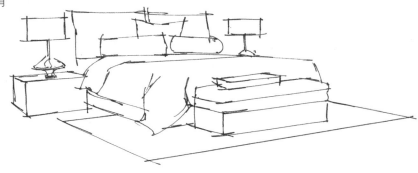

03 进 一 步
绘制，从整体到局
部绘制。

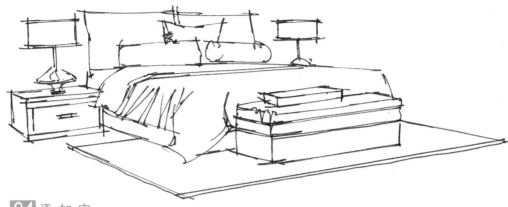

04 添 加 家
具对应的阴影，绘
制出家具的光影
变化。

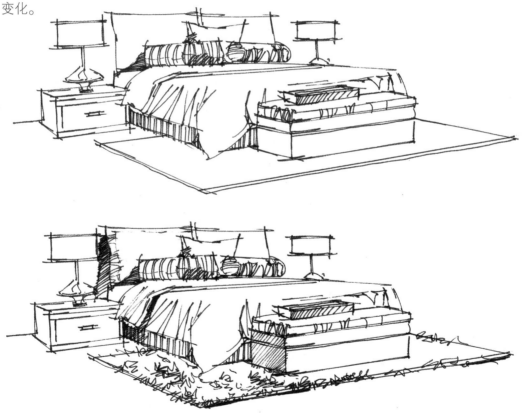

05 从整体入手到局部刻画，进一步细致刻画主体细节。注意投影的虚实变化。 然
后进一步刻画靠垫，靠垫要画出弹性的感觉，同时加强靠垫的明暗关系，注意拉开物与物
之间的距离。最后绘制地毯，注意地毯纹理的虚实变化，以及地毯的厚度。

06 进 一 步
绘制，从整体到局
部，从局部到整体
绘制

7.2.2 组合练习

范例 1

范例 2

7.3 餐桌椅组合

近年来，随着家居装饰水平的不断提高，人们对家中的就餐环境越来越注重，要求餐桌椅兼具舒适性和艺术性，追求进餐环境的高雅和舒适。一款颜色柔和、款式优美的舒心餐桌椅，不仅能点缀餐厅环境，更能让人食欲大增。

餐桌椅是餐厅中的主角，也是晚餐时的风景。餐桌的风格可以左右整个餐厅的风格，甚至左右就餐者的心情。餐桌椅好似空间构图的模型，巧妙地利用线与面，将立体构成的乐趣带进用餐空间里。

7.3.1 步骤详解

餐桌椅在餐厅中有很重要的地位，同样它的画法也相对复杂。在绘制过程中要注意它的透视关系以及餐桌椅的比例关系和绘制餐桌椅的线条。

范例 1

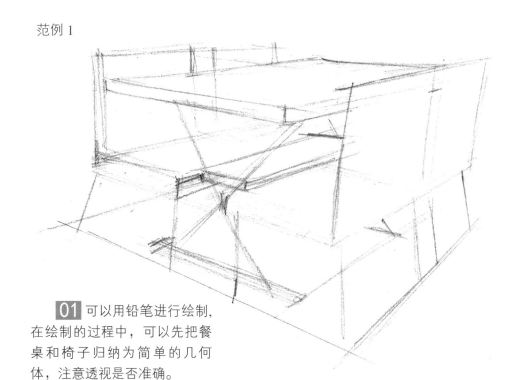

01 可以用铅笔进行绘制，在绘制的过程中，可以先把餐桌和椅子归纳为简单的几何体，注意透视是否准确。

02 用中性笔画出餐桌、椅子的大体轮廓。

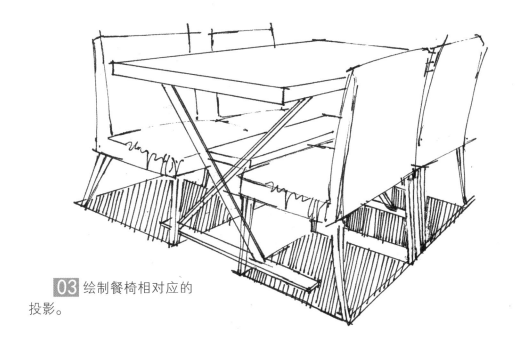

03 绘制餐椅相对应的
投影。

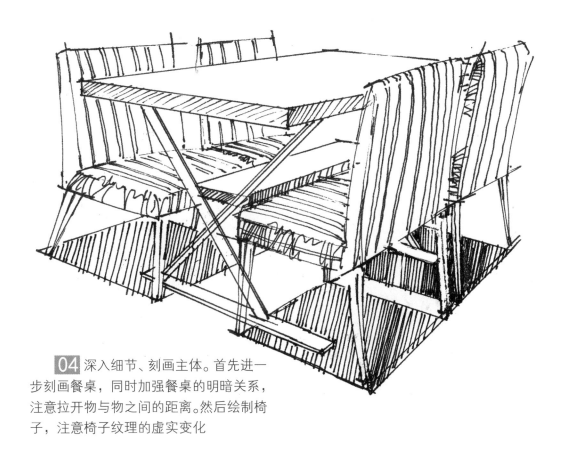

04 深入细节、刻画主体。首先进一
步刻画餐桌，同时加强餐桌的明暗关系，
注意拉开物与物之间的距离。然后绘制椅
子，注意椅子纹理的虚实变化

范例 2

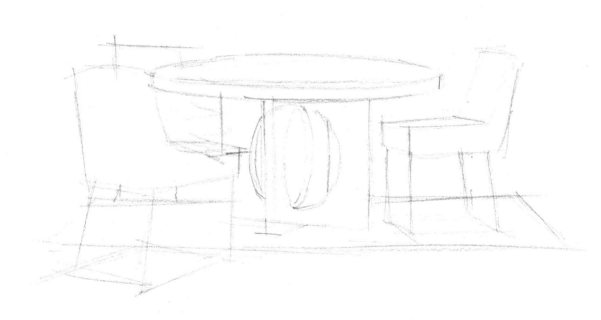

01 画组合家具要有全局的概念，在绘制的过程中，可以先把餐桌和椅子归纳为简单的几何体，然后可以用铅笔进行绘制，注意透视是否准确。

02 用中性笔画出餐桌、椅子、装饰品和地毯的大体轮廓，注意家具的透视、比例、体积要协调，以及各个部位尺寸之间的关系。运笔要有力度，注意在绘制家具的过程中用线要流畅、肯定。

03 进一步绘制，交代出餐桌的明暗关系。用简单的线条绘出形体的转折关系即可，线条尽可能的流畅。

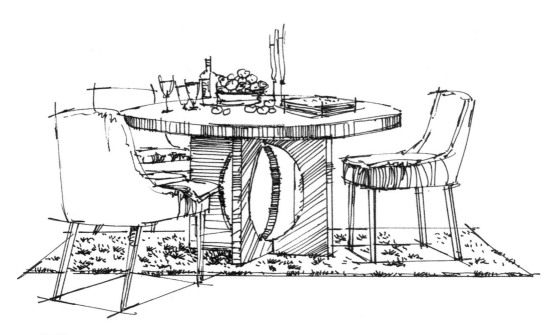

04 首先深入细节、细节服从整体，然后进一步刻画餐桌，同时加强餐桌的明暗关系，注意拉开物与物之间的距离。最后绘制地毯，注意地毯纹理的虚实变化，以及地毯的厚度。

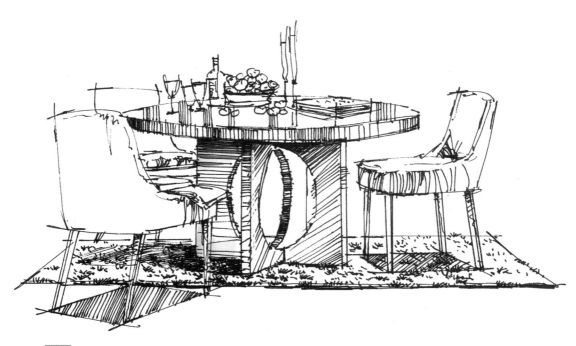

05 从整体入手做局部刻画，进一步细致刻画主体细节，添加家具对应的阴影效果。注意投影的虚实变化，注意地毯的明暗的过渡变化，最后加强家具的明暗对比。

7.3.2 组合练习

范例 1

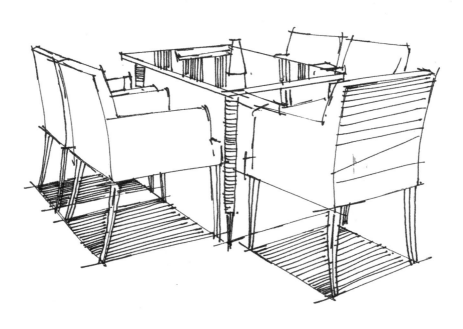

范例 2

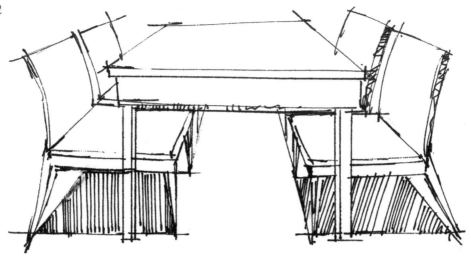

范例 3

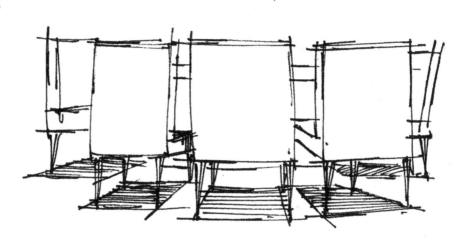

范例 4

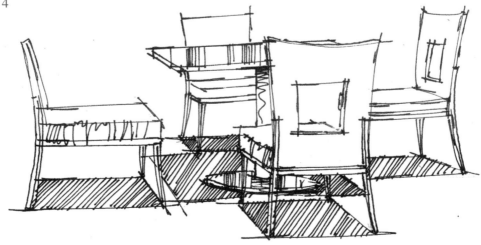

范例 5

7.4 卫生间器具组合

卫生间是家庭中进行个人卫生的常用场所，是具有便器、清洗等功能的特定环境，实用性强、利用率高。

卫生间实际上由厕所、浴室、洗面化妆、洗涤空间组成。最好是分别设置，互不干扰。卫生间面积应该根据卫生设备尺寸和人体活动空间来确定。卫生间至少应配置三种卫生器具，便器、洗浴器和洗面器。

7.4.1 步骤详解

卫生间器具组合相对于其他组合来说画法有些难度，线条要尽可能简练、流畅。而且在绘制卫生间小场景时，既要画好主体，又要画出环境与物的对话关系，有形、有情。

01 初学者把握不住透视关系，可以用铅笔绘制卫生间器具的基本造型，注意透视关系要准确。

02 用中性笔画出马桶、镜子、洗漱台、装饰画的外形，注意线条要流畅、准确、有力、肯定，转折部位要清晰。注意各个部位尺寸之间的关系。

03 进一步绘制，从整体到局部绘制。

04 深入细节、细节服从整体，添加家具对应的阴影效果。注意投影的虚实变化，注意拉开物与物之间的距离。

05 从整体入手做局部刻画,进一步细致刻画主体细节,画洗漱台的投影。

06 进一步绘制,从整体到局部,从局部到整体绘制。

7.4.2 组合练习

范例 1

范例 2

第8章

室内手绘家具组合上色表现

　　经过上一章的训练我们由简到繁，从单体到组合的训练后，本章着重指导单体组合的画法，单体家具联结起来之后变成具有层次感的组合体，在手绘中主要表现其有主有次的层次美、有明有暗的色彩美、有前有后的空间美。

8.1 沙发组合

8.1.1 休闲布艺沙发组合

布艺沙发拥有轻巧优雅的造型、艳丽的色彩以及柔和的质感，能给居室带来明快活泼的气氛。相比冰凉的皮沙发和坚硬的实木沙发，布艺沙发的柔软和温暖更适合寒冷的冬季使用。布艺的柔和与色彩的丰富，赋予了布艺沙发多变的感情，这使得布艺沙发具有极强的亲和力。休闲风格的沙发组合简洁大方，用极冷调的单色布料独具个性。

01 用墨线勾勒出轮廓，注意阴影排线的疏密，把握好透视关系。

02 用touchWG1给沙发上一层浅色，注意留白。用touch59给靠枕上一层浅色，用touch47给植物的亮部上一层浅色，注意留白和笔触的变化。用touch178给玻璃部分上一层浅色，注意笔触轻重的变化。用touch75给阴影部分上色，注意笔触的方向。

03 用touchWG4给沙发加深暗部，注意笔触的轻重和方向变化。用touch49给灯罩上色，用touch178给花盆和茶几上色，注意笔触的变化，注意在上色的时候笔触依照形体而变化。

04 用 touch51 给植物压深暗部，注意整体的明暗关系和笔触的形状。用 touchWG6 加深沙发的暗部和阴影，注意笔触的变化和疏密。用 touchWG1 给抱枕和背景的装饰画出阴影。

05 用高光笔点出植物的亮部，注意折线的应用，调整画面，完成绘制。

8.1.2 皮质沙发组合

对现代人的生活而言，沙发已经成为不可缺少的家居用品。然而皮质沙发经历时间的磨练，仍然经久不衰，以其富丽堂皇、豪华大气、结实耐用的特点一直受到人们的喜爱。在我们的印象中，传统真皮沙发色彩较为单调，以棕、褐色为主，造型庞大而讲究，占地大，给人严肃稳重而活泼不够的感觉。而本案例中的皮质沙发，除了保持它豪华的气质以外，还融合了各种丰富的元素，沙发的色彩变得鲜艳丰富，造型轻快简洁，极富现代和时尚感。

01 用墨线勾勒出轮廓，注意主景沙发的透视关系，和背景书架虚实关系的对比，硬体家具和软体家具线条软硬的变化。

02 用touch49给沙发上的装饰上色，注意留白和笔触轻重的变化。用彩铅478号给沙发上一层浅色，注意排线的疏密和轻重变化，画出体积感。用touch24给沙发的暗部上色，注意轻重变化。用touch59给植物上一层浅色，轻轻带一下即可。用touch33给抱枕上色，注意留白和笔触的变化，画出抱枕的体积感。

03 用 touch97 给茶几和书架上一层浅色，再用 touch93 压出暗部，注意笔触的变化，笔触的方向依据形体来变化。用 touch47 和 46 给植物画出暗部，注意两个颜色叠加时不可反复地涂抹以防死板。用 touch97 给抱枕加上花纹和暗部的颜色，注意同样要依据形体来画。用 touch27 给窗帘上色，注意笔触的变化和留白。

04 用 touchWG1 给整体画面加上阴影，注意笔触干脆利落，多变化笔触以丰富画面。用 touch84 和 77 给茶几上的装饰品上色，注意笔触方向的变化。

用彩铅 478 柔和画面留白的地方，用 touchWG4 加深暗部的阴影，注意不要画得太死板。用相应的颜色调整画面，完成绘制。

8.1.3 现代中式沙发组合

现代中式风格是将中国古典建筑元素提炼融合，运用到现代人的生活和审美习惯的一种装饰风格，让古典元素更具有简练、大气、时尚等现代元素。让现代家居装饰更具有中国文化韵味，体现中国传统家居文化的独特魅力。

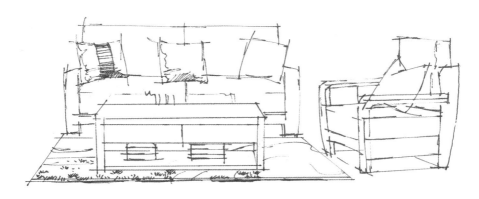

01 用墨线勾勒出轮廓，注意地毯材质的表现，注意沙发组合之间的透视关系。

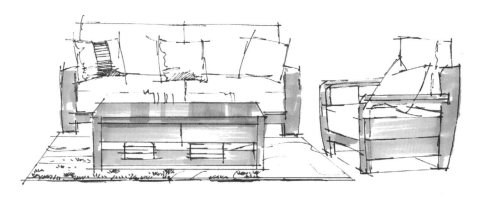

02 用 touch24 给茶几、家具上色，注意笔触的方向变化。

03 用 touch67 和 76 绘制沙发的颜色，注意笔触的轻重变化，依照形体来画。同时用 touchCG8 号给沙发加深暗部。

04 用马克笔和彩铅加强沙发的明暗对比，同时用高光笔点出亮部，调整画面，完成绘制。

8.2 床具组合

8.2.1 四柱床组合

四柱床起源于古代欧洲贵族，他们为了保护自己的隐私便在床的四角支上柱子，挂上床幔，后来逐步演变成利用柱子的材质和工艺来展示主人的财富。现代的柱子床很多时候已经摒弃了原有的功能特点，而是用来装饰卧室空间。四柱床古朴雅致，而木材质能给卧室增加温馨安详的感觉，会将卧室氛围营造得温暖和谐，同时原木那典雅厚实的造型会让空间感觉较稳重。

01 用墨线勾勒出轮廓，注意四柱床四个柱子的透视关系，画床脚、长桌、艺术画的桌角时一定要确定好回型的结构，阴影排线时注意疏密关系。

02 用 touch49 给床上的帷幕和靠枕上色，注意留白。用 touch97 和 33 给木材质的床柱、床头柜和长桌上色，注意留白和笔触的变化。

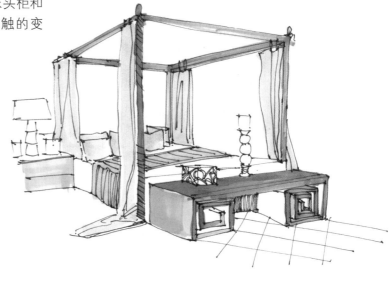

03 用 touch93 加深木材质的暗部，注意笔触的变化和轻重关系。用 touch45 给金属装饰的烛台上色，注意留白。用 touch36 给帷幕画出阴影，用 touch36 带一下地板的颜色。

04 用 touch92 压出木材质的暗部，注意稍微点缀一下即可。用 touch36 给地板的格子图案上色，轻微带一下即可。用 touchCG3 画出影子，注意笔触方向的变化。用 touch33 给床罩上色，注意笔触的变化。

05 用修正液点出木材质高光的部分，用touchCG5加深阴影，调整画面，完成绘制。

8.2.2 欧式平板床组合

平板床是由基本的床头板、床尾板加上骨架为结构组成，是一般最常见的式样。虽然简单，但床头板、床尾板，却可营造不同的风格。本案例中的欧式床给人的感觉端庄典雅、高贵华丽，具有浓厚的文化气息。配以精致的雕刻，整体营造出一种华丽、高贵、温馨的感觉。

01 用墨线勾勒出轮廓，注意透视关系及毛绒材质的表现。

02 用 touch49 给床罩、靠枕和地毯上一层浅色，注意留白，特别是画地毯时的笔触，画出毛绒的质感。用 touch45 给金属部分上色，注意留白和笔触的变化。用 touch36 给床头柜和床罩上色，注意留白。

03 用 touch97 给床头柜画出阴影，注意笔触的变化。用 touch146 给对应的部分上色，注意留白和轻重的变化。用 touch104 给床罩的图案上色，注意笔触的变化和轻重关系。

04 用 touch93 和 CG3 画出阴影，注意笔触快速轻松，结合多种笔触使画面更生动。用 touch45 点缀床罩的花边，注意笔触的方向。

05 用彩铅 407 带一下地毯的颜色，柔和留白的地方。用 touchCG1 给地毯画出一

些影子，突出体积感。用 touch92 和 97 点缀暗部，调整画面，完成绘制。

8.2.3 简约式宾馆床组合

随着世界旅游业的发展和国际交往的增多，酒店业在国民经济中的地位日趋重要，酒店业与旅行社、旅游交通企业一起被称为旅游业的三大支柱，是旅游供给的基本构成要素。宾馆的床强调简约活力温馨，实用耐用易打扫，风格有特色。

01 用墨线勾勒出轮廓，注意床的透视关系，以及地毯的透视关系。

02 用 touch24 绘制床头柜，注意颜色的疏密的变化，然后用马克笔绘制抱枕。

03 用 touchBG3
加深床罩和枕头的暗
部，注意笔触要随着
形体来画。

04 用 touchB 进
一步上色，加强画面
的整体明暗关系明暗
关系，完成绘制。

8.3 餐桌组合

人们一日三餐都在餐桌上按部就班地进行，近年来，随着家居装饰水平的不断提高，人们对家中的就餐环境越来越注重，要求餐桌椅兼具舒适性和艺术性，追求进餐环境的高雅和舒适。一款颜色柔和、款式大方的舒心餐椅，不仅能点缀饭厅环境，更能让人食欲大增。

8.3.1 方桌组合

四张淡蓝色的餐椅，与桌子搭配非常自然、和谐，给人一种温馨舒适的感觉，现代简约风格简约但不简单，既美观又实用。线条柔美雅致，富有节奏感，整个立体形式都与有条不紊的、有节奏的形体融为一体。

01 用墨线勾勒出轮廓，注意椅子和桌子之间的透视关系，确定好结构再开始画。

02 用彩铅 447 带一下椅子的颜色，用 touchCG1 带一下桌子的颜色。

03 用 touch66 给椅子上色，注意笔触的变化。用 touchCG1 画出桌子的明暗关系，注意笔触轻重的变化。

04 用 touchCG3 带出桌子的暗部，注意笔触的方向，椅子四个脚的阴影点一下即可。用 touch45 给杯子上色，注意留白。

05 用彩铅 447 和 touch66 柔和椅子的颜色，注意过渡。用 touchCG5 点缀桌子最暗的部分，注意笔触轻松自然。用 touch77 和 84 给桌子上的物品上色，调整画面，完成绘制。

8.3.2 长方桌组合

长方桌又称为长桌，它的桌面为长方形，长度接近宽度的两倍。长方桌产生在唐代，并用在日常生活中。一般长条形桌和长条形凳子配套使用，人们可以围桌宴饮。桌腿与桌面呈 90° 直角，桌腿不向里蜷缩。结构坚实，造型美观。

01 用墨线勾勒出轮廓，注意椅子和桌子之间的透视关系与暗部线条的排列关系。

02 用 touch36 绘制椅子和桌子的颜色。用 touch107 加重桌椅的暗部颜色，注意表现出桌面倒影的笔触。

03 用 touch68、183 绘制花瓶与餐具的颜色；用 touch16、37 绘制水仙的颜色，注意笔触变化。

04 用 touch68 绘制地毯的颜色，注意颜色的过渡；用 touchCG3 绘制地面的颜色，用 touchCG2 绘制墙面的颜色，注意笔触变化。

05 用 touch175、167 绘制窗外景色，注意马克笔揉笔笔触的运用；用 touch179 绘制玻璃的颜色，注意马克笔扫笔笔触的运用；整体调整画面，完成绘制。

8.3.3 圆形餐桌组合

　　中国的传统宇宙观是"天圆地方"，因此传统的餐桌便是圆形的代表。传统的餐桌形如满月，象征一家老少团圆，亲密无间，而且聚拢人气，能够很好地烘托进食的气氛，并且圆形的餐桌可以容纳更多的人，所以在餐厅中多使用圆形的餐桌。

01 用墨线勾出桌椅的轮廓，注意椅子之间对应的关系，确定好比例与位置关系再画。

02 用 touch169 绘制椅子的第一层颜色，注意笔触的方向和轻重关系；用 touch37 绘制桌布的亮部颜色，注意扫笔笔触的运用；用 touch41 绘制桌布的暗部颜色；用 touch179 绘制桌面转盘的颜色。

03 用 touch36 绘制椅子的亮部颜色，继续用 touchWG1、WG3 加重椅子的暗部颜色；用 touch41、140 加重桌布的暗部颜色，注意笔触的运用。

04 用 touch172、46、53 绘制植物叶子的颜色，用 touch8、16 绘制花朵的颜色，注意点笔笔触的变化；用 touch68 加重转盘的颜色；用 touchCG3 绘制地面与阴影的颜色，注意笔触方向的排列。

05 用 touchCG2 绘制墙面的颜色；用 touch169、175、144、140 绘制墙面画框的颜色；用高光笔绘制画面的高光，整体调整画面，完成绘制。

8.4 茶几组合

茶几是入清之后开始盛行的家具。当时香几兼有茶几的功能，到了清代，茶几才从香几中分离出来，演变为一个独立的新品种。一般来讲，茶几较矮小，有的还做成两层式，与香几比较容易区别。清代茶几较少单独摆设，往往放置于一对扶手椅之间，成套陈设在厅堂两侧。由于放在椅子之间成套使用，所以它的形式、装饰、几面镶嵌及所用材料和色彩等多随着椅子的风格而定。茶几一般都是放在客厅沙发的前面，主要起到放置茶杯、泡茶用具、酒杯、水果、水果刀、烟灰缸、花等用品的作用。

8.4.1 欧式大理石茶几组合

欧式的大理石茶几带有浓烈的异国风情，大理石的纹理，高贵典雅。摒弃了繁琐的装饰风格，让设计回归纯朴。款式新颖，结构严谨，设计巧妙，石板光滑细腻，容易打理，色彩清新，风格独特。

01 用墨线勾勒出轮廓，注意透视关系和软材质的表现。

02 用 touchWG1 给沙发上一层浅色，注意留白和笔触的方向。用 touchBG3 给大理石茶几上一层浅色，注意倒影的表现。用 touch47 号给植物上色，注意笔触的方向。用 touch59 和 CG1 给抱枕上色，注意留白和笔触的轻重变化。用 touch77 和 17 给台灯上色。

03 用 touchCG1 给墙体和地面上色，注意笔触的方向。用 touch27 给窗帘和壁画上色，注意留白和笔触的变化。用 touchBG5 加深大理石茶几的暗部，注意用笔干脆快速以表现其材质。用 touchWG3 加深沙发的暗部，注意笔触的变化。用 touchWG1 给地毯上色。

04 用 touch88 给地上的靠枕上色，注意笔触的轻重变化和留白。用 touch15 画出地毯上的花纹，注意花纹要依附在地毯的形体之上。用 touchWG6 画出沙发的阴影，注意笔触轻重的变化，用 touchCG5 画出影子，注意留白。用 touch56 加深植物的阴影，注意笔触的方向。

05 用修正液点出亮部，用对应的颜色调整画面，完成绘制。

8.4.2 实木拼接茶几组合

木制茶几的天然材质，容易与大自然产生亲近感，色调温和、工艺精致，适合与沉稳大气的沙发家具相配。

01 用墨线勾勒出轮廓，注意木材质的表现，下笔要快速干脆。

02 用touch97给木材质上色，注意笔触的方向和留白。用touch15给靠枕上色，用touchCG1给坐垫轻轻带一层浅色。

03 用touch36带一下木桶的亮部，用touch45给木茶几的亮部上色，用touch77点缀一下灯罩。

04 用 touch47 给植物上色，注意笔触的方向。用 touch93 压深所有木材质的暗部。用 touchCG8 画出阴影，注意不要反复涂压以免显得画面太死。用 touchCG3 给靠垫和靠枕上色，注意笔触的方向和留白。

05 用 touch33 柔和木茶几的亮部，使两个颜色之间过渡的更自然。用对应的颜色调整画面，完成绘制。

8.4.3 美式木质茶几组合

茶几虽是空间的小配角，但它在居家的空间中，往往能够塑造出多姿多彩、生动活泼的表情。木质茶几给人温和的感觉，反光的木质桌面具有透视效果，两者搭配更能提升茶几的质感与光泽度，流露出质朴美感，较适合应用于古典空间。

01 用墨线勾勒出轮廓，注意柜子和茶几的透视关系，注意柜子上画框的透视。

02 用 touch140 绘制木茶几与柜子的两部颜色，注意笔触轻重的变化和留白；用 touch107 绘制茶几与柜子的暗部颜色，注意排笔笔触的运用。

03 用 touch141 绘制茶几桌面的亮部颜色，用勾线笔绘制大理石纹路；用 touch139 绘制大理石材质的暗部颜色，注意笔触的排列与留白关系的表现。

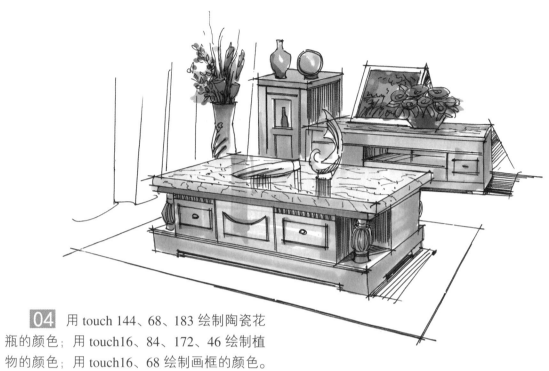

04 用 touch 144、68、183 绘制陶瓷花瓶的颜色；用 touch16、84、172、46 绘制植物的颜色；用 touch16、68 绘制画框的颜色。

05 用 touch36 绘制地毯与窗帘的颜色，注意颜色的渐变关系；用 touchWG1 绘制墙面的颜色；用 touch25 绘制地面的颜色，注意用马克笔竖向的笔触表现地面的反光作用。

06 用褐色彩铅压重茶几与柜子的暗部颜色，用高光笔给画面提取高光，丰富画面的空间层次；整体调整画面，完成绘制。

8.5 洁具组合

卫生洁具装饰已经远远突破过去的传统观念，作为现代化豪华生活的标志性用品，它进入人们生活的方方面面。它不仅具有卫生与清洁功能，还应包括保健功能、欣赏功能以及娱乐功能。在使用功能方面，仅卫生洁具产品的冲洗方式就出现了旋冲式、静音式、斜冲式等。可见卫浴产品家具化逐渐盛行。

8.5.1 陶瓷浴缸组合

浴缸是一种水管装置，供沐浴或淋浴之用，通常装置在家居浴室内，陶瓷浴缸由陶瓷瓷土烧制而成，外观釉面光洁，提高了浴室整体档次。它的优点是观赏性好、材质厚实以及耐使用。

01 用墨线勾勒出线稿，注意浴缸的透视关系。

02 用 touch27 给浴缸上一层浅色，注意笔触的方向随着形体来画。用 BG1 给洗手台柱上一层浅色，注意笔触方向的把握。用 touch178 给玻璃上色，注意笔触的方向和轻重变化。

03 用 touchCG1 给墙体上色，注意留白。用 touchCG3 加深洗手台部分的阴影，注意笔触的变化。用 touch64 加深玻璃的暗部，注意笔触方向要随着形体来变化。

04 用 touchCG3 给剩下的墙体上色，同时加深洗手台柱的暗部。用 touch63 加深洗手盆的暗部，画出体积感。

05 用 touchWG4 和 WG6 画出影子，注意不要反复涂压。用 touchCG1 和 WG1 画洗手台在地上的倒影。用修正液点出洗手盆的亮部，调整画面，完成绘制。

8.5.2 陶瓷面盆组合

陶瓷卫生洁具，其主要特点在于，在洁具本体的表面设有一层哑光釉，使陶瓷卫生洁具的表面润滑，能给人一种贵重厚实的感觉，在室内灯具照射下不会使人感觉到刺眼，也不会给人质地轻浮的感觉。同时也会给人一种滑润温暖的感觉，避免冰冷而滑腻的感觉。结合简约风的卫浴设计，让视觉上得到舒适的放松，以轻浅色调、简洁线条与宽阔空间，打造全然无压力的卫浴环境。

01 用墨线勾勒出轮廓，注意空间的透视关系。

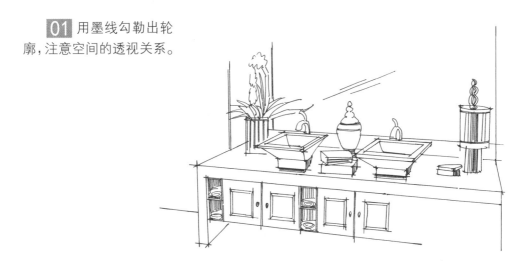

02 用 touch140 、CG2 绘制洗手台的第一层颜色，注意留白和笔触的方向。

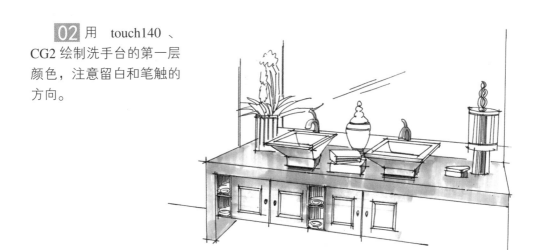

03 用 touch140 加深洗手台的颜色，用touch164 丰富亮部颜色，注意笔触方向的变化。用touchCG3加重柜子的颜色，注意笔触轻重的变化。

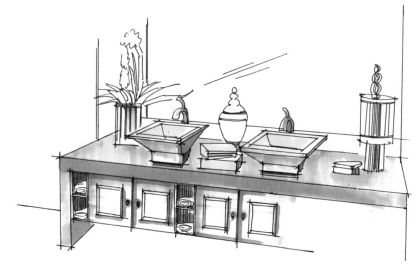

04 用 touch172、46 给植物上色，用touch36、25 绘制面盆的亮部，用 touch179、144 绘制镜面颜色，用 touchWG3绘制墙面与地面阴影，用touchWG1 画出背景镜面上的影子，注意笔触方向的变化。

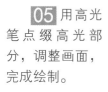 用高光笔点缀高光部分，调整画面，完成绘制。

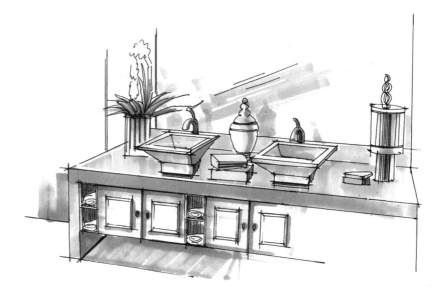

8.5.3 陶瓷实木洁具组合

田园风格的卫浴空间比较大，招牌特点就是尽可能选用木、石、藤、竹、织物等天然建筑材料，木质的洗手台和镜框架，都会给浴室增添一种温馨的、起居舒适的感觉。木质以涂清油为主，透出原木特有的木结构和纹理。使用白色陶瓷洗手盆同原木相配，一粗一细、一深一浅，既产生对比，又营造出十足的不饰雕琢的天然感。

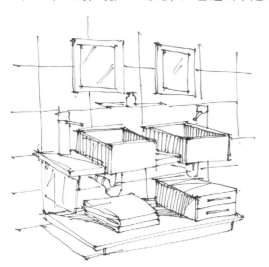

01 用墨线勾勒出轮廓，注意洗手池的透视关系。阴影的排线注意疏密。

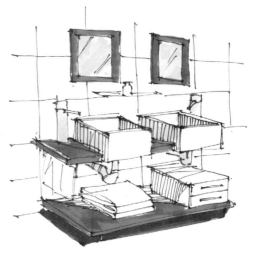

02 用 touch97 给木材质上色，注意留白和笔触的变化。用 touch178 给镜子上色，用 touchCG1 给洗手池阴影部分上色。

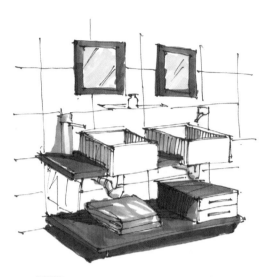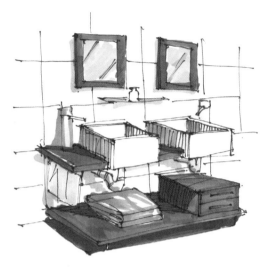

03 用 touchCG3 加深陶瓷部分的阴影，用 touch77 给毛巾上一层浅色。用 touch93 加深木材质的暗部，注意笔触的变化。

04 用 touch97 柔和一下色块。再用 touchWG1画出影子,注意依照形体来画。用 touch49 给毛巾上色,用 touchWG6 画出阴影，注意不要压得太死。

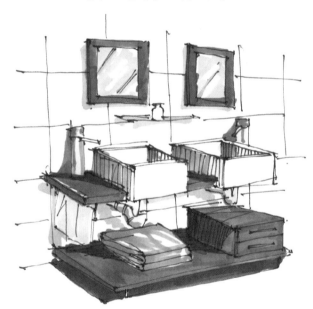

05 用修正液点出镜子的亮部，用对应的颜色调整画面，完成绘制。

8.6 装饰品组合

家居饰品是指装修完毕后，利用那些易更换、易变动位置的饰物与家具，如窗帘、沙发套、靠垫、工艺台布、装饰工艺品等，对室内进行二度陈设与布置。此外还有布艺、挂画、植物等等。家居饰品作为可移动的装修，更能体现主人的品位，是营造家居氛围的点睛之笔。它打破了传统的装修行业界限，将工艺品、纺织品、收藏品、灯具、花艺、植物等进行重新组合，形成一个新的理念。

8.6.1 玄关桌装饰品组合

随着人们对审美追求的不断提高，这个以前常被忽视的"门口"如今在设计师的妙笔之下变得更有"面子"，早已不再是简单的进门通道。即使再小的玄关也能够布置生动，进门就见玄关，一张白色小型的条案上，摆放一盆植物加上几个放置主人照片的相框，打造温暖色觉感。写意生动的艺术化作品、创意趣味的设计摆件，都可以让玄关更加个性化、生动化。利用美感十足的家具或饰品，也是提升玄关处艺术化的好手段。色彩鲜明的边柜、造型极佳的收纳凳、漂亮生动的灯具，都能增添艺术气质，体现出主人高雅的品位。

01 用墨线勾勒出轮廓，注意各个相框的透视关系。

02 用 touchCG3 绘制画面的阴影部分，注意笔触的轻重变化。

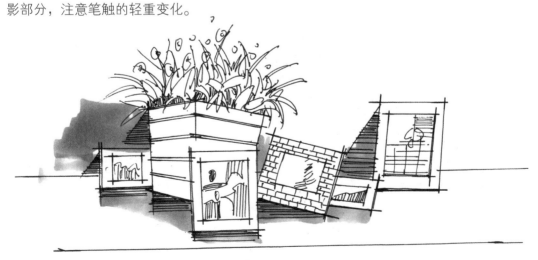

03 用 touch107 绘制花盆,随带绘制背后相框的颜色;用 touch41、37、140、107 绘制相框。

04 用 touch16、68、100 绘制相框的细节,用 touch8 18 绘制花朵,用 touch57、46 绘制植物的叶子,注意笔触的变化。

05 用修正液点出亮部, 用 touchCG5 加深阴影的暗部并用相应的颜色调整画面,完成绘制。

8.6.2 飘窗装饰品组合

飘窗是房间的额外区域，使人们在视觉上得到延伸，显得房间更宽敞。飘窗根据主人的布置，或是用小物品装饰，或是摆放花花草草，能展现不同的风情。清爽的布艺打造舒适休闲区域，搭配整个空间的风格，飘逸又清爽，与夏日里的炎热形成反差。

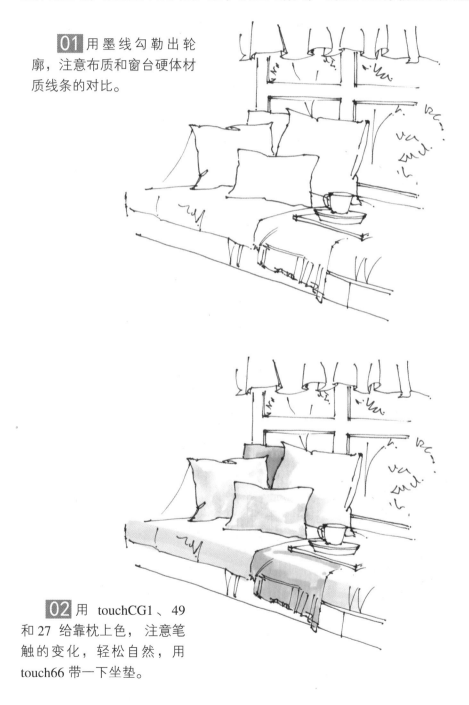

01 用墨线勾勒出轮廓，注意布质和窗台硬体材质线条的对比。

02 用 touchCG1、49和 27 给靠枕上色，注意笔触的变化，轻松自然，用touch66 带一下坐垫。

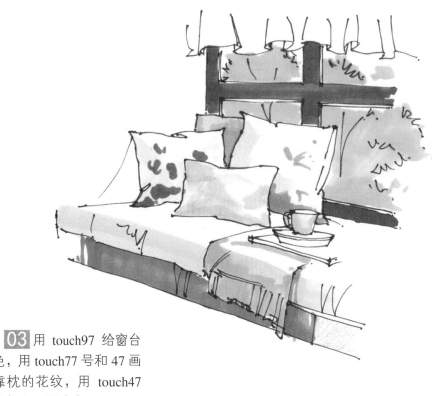

03 用 touch97 给窗台
上色，用 touch77 号和 47 画
出靠枕的花纹，用 touch47
给植物上一层底色。

04 用 touchCG3 和 CG5
画出阴影，注意笔触的变化，
用 touch82、33 和 45 给靠枕添
加花纹。

05 用 touch46 加深植物的暗
部，注意笔触的变化，用对应的颜
色调整画面完成绘制。

8.6.3 客厅沙发装饰品组合

说到沙发，大家都知道这是一种放在客厅的家居用品，它的柔软带来舒适的感受，让
外来宾客体验到家的味道，搭配上抓人眼球的家居装饰品能够烘托气氛，营造不一样的情
调，几个大小不一的圆形靠枕搭配在一起，尽显温馨轻松的家居氛围。

01 用墨线勾勒出轮廓，注意
透视关系。

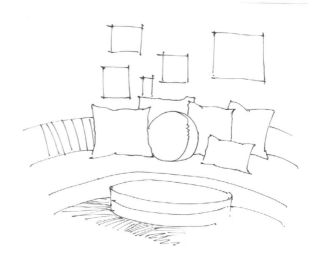

02 用 touch12 给沙发上一层
浅色，注意留白和笔触的变化。用
touchCG1、47 和 36 给靠枕上色，
注意留白和笔触的变化。

03 用 touchCG3 给桌子
和阴影上色，用 touch15 给沙
发加深暗部的阴影，用
touch46 加深靠枕的暗部。

04 用 touch36、
15 和 12 给靠枕加上花
纹，使画面更耐看。用
touchCG5 添加各部分
的影子，注意笔触轻重
的变化。

05 用修正液点出高光部分，用对应的颜色调整画面，完成绘制。

第 9 章

室内局部空间手绘效果图表现

　　室内局部空间设计就是运用艺术和技术的手段，依据人们生理和心理要求的一种室内空间环境。它是为了人们室内生活的需要而去创造、组织理想生活的室内科技设计。室内局部空间的分隔可以按照功能需求作种种处理，随着应用物质的多样化、立体化、平面化、相互穿插、上下交叉，都能产生形态繁多的空间分隔。

　　本章主要讲解了客厅、卧室、书房、厨房、餐厅和卫生间局部空间的马克笔上色步骤。

9.1 客厅空间

　　客厅，在概念上是作为家庭的一个社交空间。有会客交流、视听休息、文娱活动等功能。客厅是居住空间中利用率较高的一个空间，是主人与亲友交流休息的一个空间、在布置上应该以舒适、宽敞为设计原则，根据空间结构合理安排家具，以达到对该空间更好的使用率。

9.1.1 田园风客厅空间

　　作为待客区，现代田园风格追求简洁明快的步调，在打造时也较其他空间更为明快光鲜，通常使用大量木饰装饰家具以及碎花图案的各种布艺，营造一种扑面而来的自然气息。座椅多以原木材质为主，刷上纯白瓷漆或是油漆或是体现木纹的油漆。在桌椅布局时，整体状态呈现不完全规矩形，以一种轻松的态度对待生活，更能体现出现代田园风。

01 用墨线勾勒出轮廓，注意形体之间的透视关系。

02 用touch12 给靠枕灯罩上色，注意留白和笔触的方向。用touchWG1 给沙发上色，注意笔触的方向依照物体的形体来画。用 touch97 给相框木边框上色。用 touch33 和 59 带一下花盆和植物。

03 用 touch15 加深灯罩和靠枕的暗部，注意笔触的变化。用 touch59 给墙纸和地毯上色，注意笔触的方向。用 touchWG2 画出阴影，注意笔触的轻重变化。用 WG4 加深阴影，用touch76 和 66 给茶几上色，注意笔触的应用。

04 用 touchWG6 加上阴影的细节，使画面更耐看。用 touchCG3 压深茶几的暗部，注意不要反复涂压。用 touch47 给相框添加细节，完善画面。

05 用相应的颜色调整画面，完善细节，绘制完成。

9.1.2 现代简约客厅空间

现代简约风格，顾名思义，就是让所有的细节看上去都是非常简洁的。现代简约客厅空间开敞，设计自由。客厅墙面以白色涂料为主，追求一种光洁的质感，给人一种明快的感觉。此外，这种现代风格也会很注重简洁的线条，光洁的质地，素净的表面，目的是给人营造出一种不拖泥带水的干脆感 。

01 用墨线勾勒出轮廓，注意排线的疏密关系。

02 用 touch67 给沙发上色，注意留白和轻重变化。

03 用 touch67 和 76 给沙发进一步上色，加深沙发的暗部，然后用 touch24 给茶几上色。

04 用马克笔和彩铅进一步上色，绘制地毯，注意地毯的明暗变化。

05 首先用马克笔整体调整画面明暗关系，然后用马克笔和彩铅绘制地面完善画面，最后完成绘制。

9.2 卧室空间

卧室是睡觉、休息的主要场所，具有很强的私密性，我们在美化装饰卧室时，要调动一切手段进行设计，使我们得到一个好的卧室环境。从家具形式、家具摆放位置、卧室的色彩、卧室的照明、绿化等方面来进行分析和解读，来对卧室设计进行探究，保证卧室的私密性、舒适性。

9.2.1 酒店卧室空间

本例是一个酒店卧室空间的绘制，它是一个私密性强，令人放松、舒适的空间。并且它往往浓缩了休息、私人办公、娱乐、商务会谈等诸多使用要求的功能性。

在绘制本例用马克笔上色之前需明确酒店卧室空间的装饰风格以及透视的准确把握。

01 用墨线勾出轮廓，注意透视关系。

02 用 touchWG2 给窗帘和床单上色，注意大面积铺色时笔触的方向变化。用 touch24
和 97 给床头柜上色，注意笔触轻重变化和留白。

03 用 touch25 给墙体上色，注意留白和笔触方向的变化。用 touchWG4 加深暗部，注意笔触的变化。

04 用彩铅和马克笔进一步上色，增加细节。

05 用马克笔整体调整画面明暗关系，然后用马克笔和彩铅绘制地面完善画面，最后完成绘制。

9.2.2 现代时尚风卧室空间

以床为中心的卧室设计，其简约舒适的现代风格，突破了中规中距的格局，彰显家居卧室整体布局的独特和立体感。规整的空间感，让整个居室很有品质感，搭配咖啡色木质家居，更是魅力十足。

01 用墨线勾勒出轮廓，注意软体家具的线条和硬体家具线条的对比。

02 用马克笔绘制家具的基本色，注意笔触轻重的变化。用touch BG1和 BG3 给床垫上色，注意笔触的方向。

03 用 touch66 给抱枕上色，注意笔触的轻重变化。用 touch97 绘制床头背景材质部分的暗部，注意颜色之间的过渡。用touchWG2 号给靠枕上色，注意留白。

04 进一步上色完善画面中的阴影部分，注意依据形体的明暗关系来画。

05 用彩铅和马克笔调整画面整体明暗关系，同时可以用高光笔完善细节，绘制完成。

9.3 书房空间

随着生活品位的提高，书房已经是许多家庭居室中的一个重要组成部分，越来越多的人开始重视对书房的装饰装修。书房设计一般需保持相对的独立性，并配以相应的工作室家具设备，诸如计算机、绘图桌等，以满足使用要求。其设计应以舒适宁静为原则。

9.3.1 中式书房空间

中式书房的设计，品味古色古香。传统中式书房从陈设到规划，从色调到材质，都表现出典雅宁静的特征，因此也深得不少现代人的喜爱。因此，在现代家居中，拥有一个"古味"十足的书房、一个可以静心潜读的空间，自然是一种更高层次的享受。

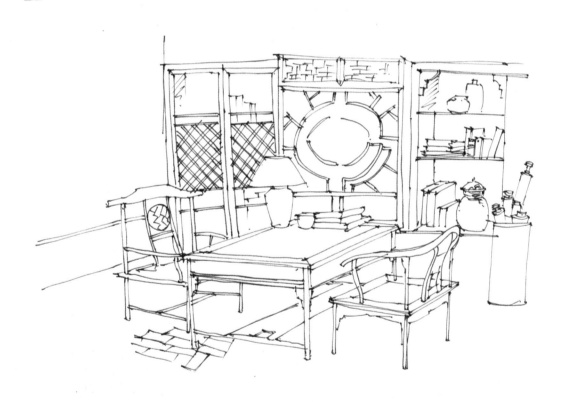

01 用墨线勾勒出轮廓，注意透视关系。

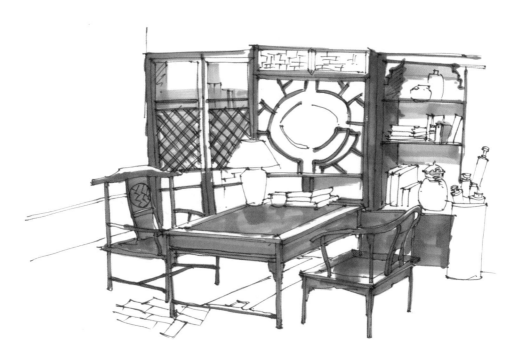

02 用 touch97 给木材质的部分上色，注意笔触的轻重变化，画出木材质的质感。用 touchWG1 给橱窗的暗部上色，注意方向上的变化。

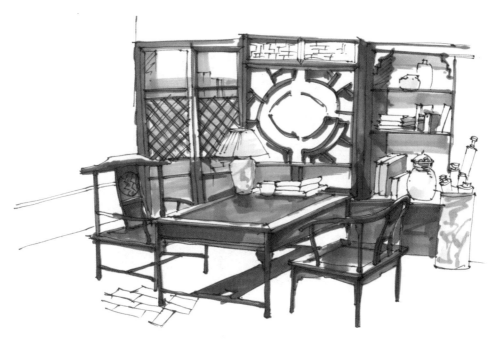

03 用 touch93 加深暗部，注意粗细笔触的应用。用 touch146 添加瓷器上的花纹，注意用纹路表现其体积感。用 touchWG4 加深橱窗阴影部。

04 用 touchCG3 画出地面的颜色，注意轻重变化表现出阴影。用 touchWG4 完善橱窗的阴影，用 touch49 给灯罩上色。

05 用 touchCG5 加深阴影，注意不要压得太死。用 touch178 给玻璃上一层浅色，轻轻带一下即可。用对应的颜色调整画面，完善细节，绘制完成。

9.3.2 简约风书房空间

从色彩的角度来分析，深色的书房家具可以保证学习、工作时的心态沉静稳定，比较适和学术、文学、数理之类的学习；而色彩鲜艳的、造型别致的书房家具，对于开发智力、激发灵感之类的学习十分有益。现代感墙面结合天然木质家具，呈现全新的阅读空间。原生态的墙面设计、木质家具，让你在私人的空间里回归到自然。

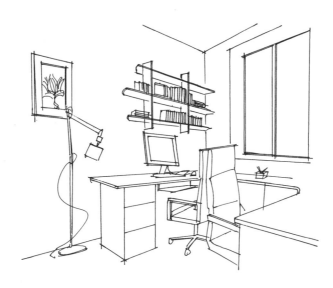

01 用墨线勾勒出轮廓，注意透视关系。

02 用勾线笔仔细刻画细节，绘制暗部，确定画面大体的明暗关系，注意线条的排列与疏密关系的表现。

03 用 touch139 给墙体上色，用 touch142 绘制地面，注意笔触的方向变化与轻重关系的表现。

04 用 touch144 绘制窗户玻璃，用 touchCG2、CG5 绘制墙面书架与画框的颜色，用 touch8、12、24、67、66 绘制书本的颜色，注意笔触方向的变化。

05 用 touchCG2 绘制椅子的亮部，用 touchCG5 加重椅子的暗部，用 touchWG2、104 绘制书桌，注意笔触方向的变化。

06 用 touchWG2 绘制墙面阴影，用 touchWG5 与黑色彩铅进一步加重暗部，用蓝色系与紫色系彩铅丰富窗外天空的颜色，调整画面，完善细节，绘制完成。

9.4 厨房空间

空间是生活方式的表现，选什么样的厨房，就等于选择了一种什么样的生活品位。设计厨房时要充分利用空间，在满足了基本的储物空间、操作空间的前提下，要保留有足够的活动设计空间，通过这些空间来增加整个厨房的趣味性、变化性，彰显主人的尊贵身份。

9.4.1 乡村风格厨房空间

在厨房设计的诸多风格中，朴素、宁静甚至带有些许土气的"乡村派"设计成为现在的潮流。乡村风格的厨房橱柜多以实木为主，因为它更接近自然的环抱，材质以松木、橡木等最为经典。

马克笔表现乡村风厨房空间的时候需注意明确厨房的装饰设计风格和主要色调，把握透视的准确表现。同时在用马克笔绘制的过程中注意画面留白，把握住画面的整体效果，注意表现画面的立体感和空间感。

01 用墨线勾勒出轮廓，注意橱柜的透视关系。

02 用勾线笔仔细刻画细节，绘制暗部，确定画面大体的明暗关系，注意线条的排列与疏密关系的表现。

03 用 touch169 绘制墙面与地面的颜色，用 touch104 绘制木质窗框的颜色，注意笔触的变化和两个色块之间的过渡。

04 用 touch104 绘制木
质橱柜的颜色，注意依照明
暗关系画出体积感。用
touch144 绘制玻璃的颜色，
用 touch175 绘制窗外的景
色，注意笔触方向的变化。

05 用 touch7、12 绘制
植物的花朵，用 touch46 绘制
植物的叶子，用蓝色系与紫色
系彩铅丰富窗外天空的颜色。
调整画面，完善细节，绘制完
成。

9.4.2 简约风格厨房空间

现代简约风的厨房现下颇为流行，简洁、大方、明朗的烹饪环境是人人都向往的。拥有一个好的厨房，会有更高的生活品质。满眼的阳光，完整纯粹的色彩基调。同一色系的色彩元素，却包含着丰富的肌理效果。不同的质地，却有着细腻、丰富的层次。

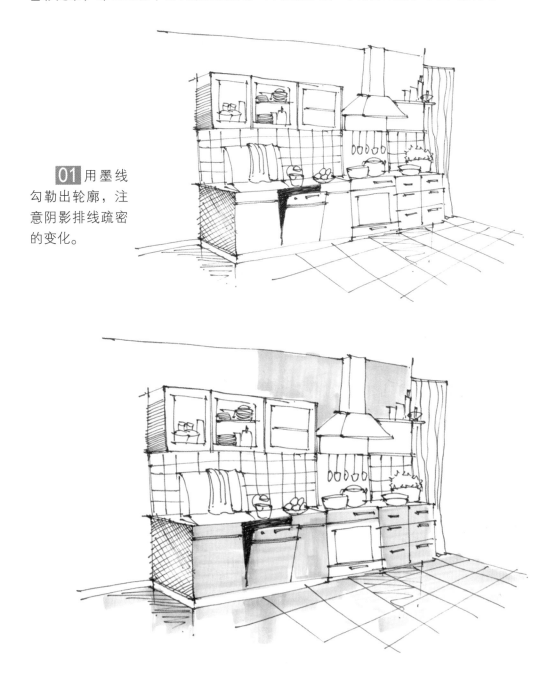

01 用墨线勾勒出轮廓，注意阴影排线疏密的变化。

02 用touchWG1 带一下地板和墙体的颜色，用touch107 给橱柜上色，注意笔触的方向。

03 用 touchCG3 给金属部分和马赛克上色，注意笔触方向上的变化，用 touch47 带一下窗帘的颜色。

04 用 touchCG5 压深暗部，注意不要压得太死。用 touch178 给玻璃上色，注意笔触的变化和留白，画出玻璃的质感。

05 用 touchWG4 画出橱柜在地板上的倒影，注意画出倒影模糊的样子，用 touchCG3
给马赛克添加细节。

06 用对应的颜色调整细节，完善画面，绘制完成。

9.5 餐厅空间

餐厅在居室设计中虽然不是重点,但却是不可缺少的。餐厅的装饰具有很大的灵活性,可以根据不同家庭的爱好以及特定的居住环境做成不同的风格,创造出各种情调和气氛,如欧陆风格、乡村风格、传统风格、简洁风格、现代风格等。餐厅在陈设和设备上是具有共性的,它要求简单、便捷、卫生、舒适。

9.5.1 简约风格餐厅空间

简约风格不仅注重居室的实用性,而且还体现出了工业化社会生活的精致与个性,符合现代人的生活品味。餐厅的一面用隔断隔开,体现出小资情调。整个地砖和墙面以浅色为主,清新淡雅。

01 用墨线勾勒出轮廓,注意凳子之间的透视关系和餐桌之间的透视关系。

02 用 touchCG3 给背景墙上色，注意下笔轻松自然。用 touchCG1 和 27 给凳子上色，注意笔触方向上的变化和留白。

03 用 touchWG1 带一下地板的颜色，注意下笔的轻重和笔触方向上的变化。用彩铅 429 带一下靠枕的颜色，用 touch97 带一下凳子四个角的颜色，用 touch33 和 47 给植物上色。

04 用 touchCG3 画出椅子的阴影，注意笔触的方向。用 touch17 带一下靠枕和植物中的花朵，用 touch27 加深椅子的刻画。

05 用 touchWG6 加深阴影，用对应的颜色调整画面，完善细节，绘制完成。

9.5.2 现代风格餐厅空间

温馨色调的餐厅装修，背景墙及吊顶融为一体，别具特色的红色的椅子，亮丽有气质，黑色的顶棚让空间有魅惑的气息。这款现代风格餐厅效果图，虽然看上去不出彩，但是细细品味，却别有一番风味。

01 用墨线勾勒出轮廓，注意三个凳子和桌子之间的透视关系。

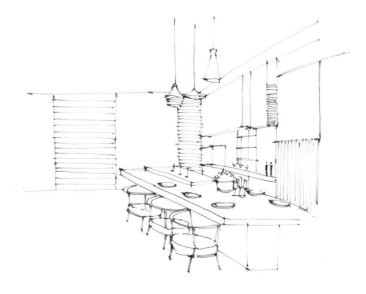

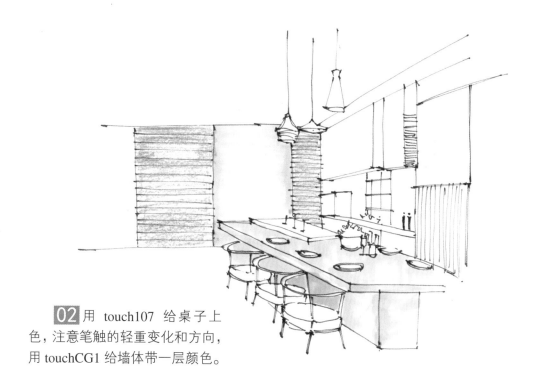

02 用 touch107 给桌子上色，注意笔触的轻重变化和方向，用 touchCG1 给墙体带一层颜色。

03 用 touch49 给地板上色，注意笔触的方向。用 touchCG3、146、WG1 和 66 给墙体上色。

04 用 touch93 给墙体上色，注意笔触的方向。用 touch27 压深桌子的暗部，注意笔触的方向，画出桌子的质感。用 touch15 给凳子上色，注意笔触的方向画出体积感，用 touchCG8 点缀灯罩暗部。

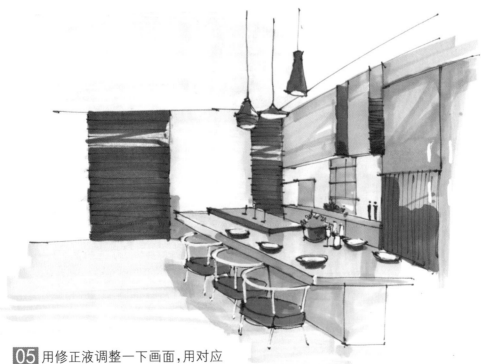

05 用修正液调整一下画面，用对应的颜色完善画面，调整画面，绘制完成。

9.6 卫生间空间

时代在变，家居观念在变，卫浴空间早已突破其单纯的洗浴功能，更升华为人们释放压力、放松身心的场所。

9.6.1 欧式田园风格卫生间空间

欧式田园风格设计在造型方面的主要特点是：曲线趣味、非对称法则、色彩柔和艳丽、崇尚自然等。它在设计上讲求心灵的自然回归感，给人一种扑面而来的浓郁气息。把一些精细的后期配饰融入设计风格之中，充分体现设计师和业主所追求的一种安逸、舒适的生活氛围。马克笔表现欧式田园风格卫生间空间需注意明确空间风格的背景色调。

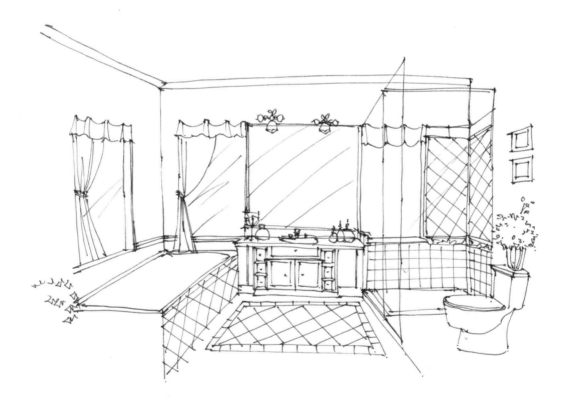

01 用墨线勾勒出轮廓，注意瓷砖花纹的表现。

02 用 touch178 给玻璃上色,注意玻璃材质的表现。用 touch49 给墙体上色,注意笔触的方向。用 touch33 给柜子上色,用 touchCG1 带一下马桶的颜色。

03 用 touchCG3 给陶瓷部分加深暗部突显体积感,用 touch47 点缀一下植物的颜色。用 touch31 加深柜子的暗部,注意笔触的变化和明暗关系的表达。

[04] 用 touchCG5 加深暗部，突显体积感，用 touchCG1 带一下墙体的颜色。

[05] 用 touch146 画出墙体的花纹，用修正液画出玻璃的反光。用对应的颜色调整画面，完善细节，绘制完成。

台

9.6.2 现代简约风格卫生间空间

简约的卫生间设计，给人干净明亮的感觉，陶瓷材质的浴缸，清新自然的气息迎面扑来，让人释放一天的烦恼与疲惫，简单的设计同样可以给人最舒适的享受。

01 用墨线勾勒出轮廓，注意洗漱的透视关系。

02 用勾线笔仔细刻画细节，绘制暗部，确定画面大体的明暗关系，注意线条的排列与疏密关系的表现。

03 用 touch139 绘制墙面的颜色，用 touch142 绘制地面与墙顶的颜色，注意笔触方向的变化与颜色渐变关系的表现。

04 用 touch67 绘制花瓶，用 touch46 绘制植物，用 touch179 绘制镜面的颜色，用 touch104 绘制浴缸旁的小柜子，用 touchCG2 绘制浴缸、洗漱台、马桶的颜色，注意笔触方向与轻重关系的变化。

05 用 touch175、蓝色系与紫色系彩铅绘制窗外的景色，用 touchWG2 加重画面的暗部，用褐色系彩铅压重地板的颜色，整体调整画面，完成绘制。

第 10 章

室内空间手绘效果图表现

在手绘效果图时，应该将重点放在造型、色彩和质感的表现上。造型是空间设计的基础，即运用透视规律来表现物体的结构，搭建空间框架。在实际设计表现中，要根据效果图的不同用处，来选择复杂与概括的表现方法，以便更清楚地表达你的设计构想。色彩是体现设计理念、丰富画面的重要手段。一般效果图的色彩应力求简洁、概括、生动，减少色彩的复杂程度。

10.1 家居空间

通常定位的家居空间包括客厅、卧室、书房、厨房、餐厅、卫生间、玄关等。随着生活节奏的变快，人们需要能放松身心、调节心态的居住环境，而这样的家居空间设计风格趋向实用、简约、自然而环保。

10.1.1 客厅

客厅作为家庭的门面，其装饰的风格已经趋于多元化、个性化，它的功能也越来越多，同时具有会客、展示、娱乐、视听等功能，在设计上要兼顾到这一点。

客厅布置的类型也可多种多样，有各种风格和格调。选用柔和的色彩、小型的灯饰、布质的装饰品就能体现出一种温馨的感觉。选用夸张的色彩，式样新颖的家具，金属的饰物就能体现出另类的风格。

1. 现代风格客厅

现代客厅的特点是具有明亮清爽的色彩，拥有简单干练的设计感，并且不乏潮流的时尚度。同时现代风客厅效果图在设计时表达出了对家的热爱和对生活的追求，

现代风客厅用马克笔表现的时候需注意在把握透视的时候，还要明确装饰设计风格，注意客厅整体色调的把握以及沙发、茶几、地毯和装饰品等物体的摆放和比例关系。

01 用墨线勾勒出轮廓，注意好大体的空间透视关系。

02 用马克笔绘制家具的基本色，同时注意笔触方向上要依照形体的方向来变化，注意多变化笔触以丰富画面。

03 用马克笔进一步上色，加强家具的明暗对比。同时注意笔触的方向。

04 用 touchBG3 给地板上色，注意下笔快速干脆，同时用 touch47 和 67 给装饰画上色，注意笔触的变化。

05 用对应的颜色调整画面，完善细节，绘制完成。

2. 欧式田园风格客厅

欧式田园风格源于对高品位生活的向往和对复古思潮的怀念，田园风格越来越受到业主的青睐。设计师通过回归自然的设计主题，让人充分感受舒适的自然气息，时刻渗透着悠闲自在的感觉，表现出对自然充满浪漫的向往。

01 用墨线勾勒出轮廓，注意整体空间的透视关系，注意软装和硬装之间线条的对比。

02 用 touch134、141 绘制地板与墙面的颜色，注意马克笔笔触的方向画出地板的透视感。

03 绘制画面左边的壁炉，用 touch142 表现其大理石的材质，用 touch107、WG3 加重暗部，注意笔触的变化。

04 用 touch36 加重画面左边墙面的颜色，笔触的方向根据结构的走向选择；用 touch144 绘制窗户玻璃的颜色；用 touch169 绘制远处窗帘的颜色。

05 用 touch169、104 绘制沙发的暗部颜色，用 touch134 绘制沙发的亮部；用 touch25 会绘制地毯的颜色，用 touchWG4 绘制茶几与花瓶的颜色，注意颜色的渐变与笔触的变化。

06 用 touch144、touch164 绘制远处窗户的颜色，用 touch107 绘制木质吧台的暗部，用 touch175、touch104 绘制厨房柜子的暗部，用 touch37 绘制柜子的亮部。

07 用 touch164、46、53、42 绘制盆栽植物的颜色，用 touch138 绘制地毯花纹的颜色，用 touch8、16、84 绘制花的颜色，用 touchWG3 绘制地面的阴影与反光。

08 给画面后面的厨房绘制阴影，增加画面的空间进深感，注意笔触的表现与留白关系的表现。

09 用褐色彩铅压重整体画面的暗部，用高光笔绘制物体的高光，用对应的颜色调整画面，完善细节，绘制完成。

3. 中式风格客厅

中国传统的室内设计风格融合了庄重与优雅的双重气质。中式风格大多利用了后现代的手法，把传统的结构形式通过重新设计组合以另一种民族特色的标志符号出现。中式风格的客厅设计在空间上多采用木质隔断的形式，表现出中式成熟稳重的特点。

01 用墨线勾勒出轮廓，注意整体空间的透视关系，注意软装和硬装之间线条的对比。

02 用线条的排列绘制阴影与暗部，注意线条之间疏密关系的表现。

03 用 touch104 绘制椅子与茶几的亮部颜色，用 touch99、97、91 绘制暗部颜色，用 touchWG2 绘制沙发的暗部颜色，注意笔触的变化与留白关系的表现。

04 用 touchWG2、144 绘制地板的颜色，用 touchWG6 绘制柜子的暗部颜色。

05 用 touchWG2 绘制木质隔断的颜色，用 touch169 绘制背景墙的颜色，用 touch104、100 绘制木质墙面的颜色，注意笔触颜色的渐变。

06 用 touchGG3 绘制墙顶与装饰壁画的颜色，用 touch37 绘制墙顶的灯光带颜色，用 touch67 绘制装饰陶瓷的颜色，用 touch175、46 绘制植物的颜色。

07 用 touchWG5 加重沙发与抱枕的暗部，用黑色彩铅压重画面的暗部；用对应的颜色整体调整画面的颜色，完成绘制。

10.1.2 卧室

卧室分为主卧和次卧，是供人睡觉、休息或进行活动的房间。在设计时，人们首先注重实用，其次是装饰。在风水学中，卧室的格局是非常重要的一环，卧室的布局直接影响一个家庭的幸福、身体健康等诸多元素。

1.　现代风卧室

在卧室的设计上，追求的是功能与形式的完美统一，优雅独特、简洁明快的设计风格，同样在马克笔表现现代风卧室的时候也要遵循这一点，注意马克笔用色留白处理，笔触快速、放松。

右图：表现的是两点透视的现代风卧室，视点不容易确定，在绘制的时候需注意两点透视的视点在画面外，且不要将视点定的太高。注意强调材质的固有色和细节，加强色彩的明暗对比。

01 用墨线勾勒出轮廓，注意整体透视关系的把握。

02 用线条排列表现画面的暗部与阴影，确定出画面大体的明暗关系，注意线条的排列方向与疏密关系的表现。

03 用 touch183、76 绘制窗帘的颜色，注意笔触轻重的变化；用 touch144、169 给床单与枕头上一层浅色，注意亮部留白，用 touch76 加深床单与枕头的暗部，注意笔触方向上的变化 。

04 用 touchWG2、169 绘制墙面的颜色，注意笔触的变化，用 touchWG2 绘制地毯的颜色，注意笔触轻重的把握。

05 用 touch102 绘制木质家具暗部，注意笔触大小的把握；用 touch25 绘制地面颜色，注意笔触的方向；用 touch93、36 绘制装饰画颜色。

06 用 touchWG2 绘制顶棚，用 touch169 绘制灯带，用 touch142、WG2 绘制台灯，用 touch144、76 绘制 镜面，注意笔触方向与轻重的变化。

07 用勾线笔仔细刻画细节，用对应的颜色调整画面，完成绘制。

2. 欧式卧室

这是一套只要一看就会爱上的家居空间，进入视线的是无限的清亮和舒适感，家居的温馨感也同样会打动你。本套案例的成功之处在于配色的柔和自然，色彩过渡十分贴切是不可多得的典范家居空间。

01 用墨线勾勒出轮廓，注意整体透视关系的把握。

02 用线条排列表现画面的暗部与阴影，确定出画面大体的明暗关系，注意线条的排列方向与疏密关系的表现。

03 用 touch169、36 绘制床单与枕头的亮部，用 touch104 绘制床单与床头的暗部，用 touch102、97、CG3 绘制木质床架的颜色，用 touch76 绘制抱枕的暗部，注意笔触的方向和轻重的变化。

04 用 touch36 绘制床头装饰墙，画出质感，注意笔触的变化；用 touchCG3 绘制床头柜的颜色，用 touchCG6 加深暗部，注意笔触方向上的变化。

05 用 touch104 绘制椅子与桌子的颜色，用 touch100、102 进一步加深暗部，注意笔触的变化；用 touchCG3、CG6 绘制电视机的颜色。

06 用 touchWG3、CG3 绘制墙面颜色，用 touch169 绘制顶棚灯光颜色，注意笔触的变化。

07 用 touch36、25、103 绘制木质地板的颜色，用 touchWG6 压重墙面的暗部，注意笔触方向与轻重的变化。

08 用黑色彩铅压重画面的整体色调，并用对应的颜色调整画面，完善细节。

10.1.3 书房

书房是作为阅读、书写以及业余学习、研究、工作的空间。特别是从事文教、科技、艺术工作者必备的活动空间。它既是办公室的延伸，又是家庭生活的一部分。书房的双重性使其在家庭环境中处于一种独特的地位。

1. 中式书房

整个书房的色调呈现安静的氛围，简洁的木质材料书架设计，充满大方之感。搭配得宜的黄红蓝色系，拼接充满大自然感的原木色系，使整个空间的格调高雅。中式落地灯给予了适度的配合，形成统一的中式风格。

01 用墨线勾勒出大体的形态，注意透视关系的把握，把握好书籍放在书柜里的透视关系。

02 用线条排列表现画面的暗部与阴影，确定出画面大体的明暗关系，注意线条的排列方向与疏密关系的表现。

03 用 touch103、94 绘制书架与书桌的原木颜色，注意笔触方向与轻重的把握。

04 用 touch169 绘制地面的颜色，注意笔触方向上的变化。用 touchWG1 绘制墙面的颜色，注意渐变的效果把握。用 touch36 绘制装饰画的颜色，注意留白的表现。

05 用 touch8、63、31、12 绘制书架上书本的颜色，用 touch68、63 绘制陶瓷装饰的

颜色，用 touchWG4 加重强墙面的暗部，注意笔触的变化。

 用 touch76、144 绘制书桌上陶瓷的颜色，用 touch103、93、169 绘制落地灯的颜色，用 touchWG4 绘制地面的阴影，用 touch36 绘制椅子的亮部，用 touch102 压重书桌的暗部，注意笔触的变化。

 用高光笔绘制画面的反光，点缀画面；用对应的颜色完善细节，调整画面，完成绘制。

2. 欧式书房

当人们以现代物质生活要求不断得到满足时，又萌发一种向往传统、还旧、珍爱艺术价值的传统风格情结。于是欧式风格的细致、华丽，以及在家具装饰中常常出现的优美、流动的曲线，从而欧式风格装修是目前比较流行的一种装修风格，很受人们的喜爱。

01 用墨线勾勒出轮廓。注意透视关系的把握，注意画面距离感的把握。

02 用touch76给沙发带一下暗部，注意笔触的变化把握。用touchCG3给沙发和墙体上一层浅色，注意留白和笔触轻重的变化。用touch47给植物上一层浅色，注意笔触的变化和留白，用touch45点缀一下叶子的亮部。用touch33给木材质的部分上色，注意笔触的方向，用touch17给椅子的靠背上色。

03 用 touchCG3 加深阴影，注意笔触方向上的把握。用 touch31 画出木材质部分的暗部，注意笔触的变化，以丰富画面。

04 用 touchCG5 继续加深阴影，注意笔触的变化。用 touch71 加深沙发的暗部，画出阴影。用 touch46 给植物压深暗部，注意笔触的变化。

05 用 touchCG8 进一步加深暗部调整画面。用 touch51 加深植物的暗部，注意笔触的变。用 touchCG3 带一下书籍的明暗关系，突显体积感。

06 用修正液点明亮部，用对应的颜色调整画面，完善细节，绘制完成。

10.1.4 厨房

空间是生活方式的表现，选什么样的厨房，就等于选择了一种什么样的生活品位。设计厨房时要充分利用空间，在满足了基本的储物空间、操作空间的前提下，要保留有足够的活动空间，通过这些空间来增加整个厨房的趣味性、变化性。

1. 田园风厨房

物质基础决定上层建筑，人们对居家环境的生活质量越来越高。在消费的观点上已经从最初的满足简单的物质生活需求转化为精神追求，与田园风格追求回归自然、不刻意雕琢的思想不谋而合，所以备受青睐。

01 用墨线勾勒出轮廓，注意整体透视关系的把握，特别要注意各部分之间的位置关系。

02 进一步刻画画面的细节结构，用排列的线条绘制暗部与阴影，注意线条的排列方向与疏密关系的表现。

03 用 touch107 给桌面上色，用 touch169、104 给橱柜上色，用 touchCG2、CG3 给金属材质的灶台上色，注意笔触轻重和方向上的变化。

04 用 touchCG4 加深灶台的暗部，注意下笔干脆利落；继续用 touch169 绘制木结构橱柜的颜色，注意留白和笔触的把握；用 touch104、175 绘制篮子的颜色。

05 用 touch144/179 绘制窗户玻璃与金属灶台，用 touch8、147、175 绘制橱柜里的餐具，用 touch8、84、88 丰富画面颜色，注意笔触的变化。

06 用修正液点明亮部，用对应的颜色调整画面，完善细节，绘制完成。

2. 现代简约风厨房

现代生活更需要一种能适应现代人追求简约而不失细节的审美诉求，又追溯着传统文化的渊源和人文内涵的设计风格，毋庸置疑，后极简主义的出现，使空间具有更多的表现张力。简约不等于简单，追求自然、简约、明快和充满艺术品位的厨房空间已成为一种趋势。

01 用墨线勾勒出轮廓，注意透视关系和比例关系的把握。

02 进一步刻画画面的细节结构，用排列的线条绘制暗部与阴影，注意线条的排列方向与疏密关系的表现。

03 用 touchCG2 给厨房绘制第一层颜色，注意笔触的方向与轻重关系的把握。

04 用 touch145 绘制墙面的颜色，注意笔触轻重的把握；用 touch169 绘制灶台、洗水台与墙顶的亮部，用 touch169 绘制它们的暗部，注意笔触的变化。

05 用 touchCG2 绘制金属橱柜的颜色，用 touch36、104 绘制水果的颜色，用 touch8 绘制冰箱的颜色，注意笔触方向的变化与轻重关系的表现。

06 用 touch179 绘制窗帘，用 touch34 加重台面与水果的暗部，用 touchCG3 压重厨房用具的暗部，注意笔触的变化。

07 用黑色彩铅压重画面的整体颜色，用对应的颜色调整画面，完善细节，完成绘制。

10.1.5 餐厅

餐厅是一个家庭感情交流的空间，忙碌的一天过后，晚餐时间是家人团聚的时刻，这个空间不能局促、狭窄，家庭餐厅不应该弄成快餐厅。宽敞、明亮、舒适的餐厅是一个家庭必不可少的。

1. 欧式田园餐厅

欧式风格的餐桌能给人带来温馨、恬静的生活气息，欢快明亮的色彩组合，自然简单的外观造型，去繁存简，自然温馨，给用餐生活带来几分生气，让人们拥有一个轻松惬意的就餐环境。碎花的餐桌面，设计得新颖、独特，外形漂亮，加上花纹的修饰，搭配优美曲线的餐椅造型，赢得了广大消费者的青睐。

01 用墨线勾勒出轮廓，注意整体结构并把握比例关系，注意好各个物体之间的透视关系。

02 进一步刻画画面的细节结构，用排列的线条绘制暗部与阴影，注意线条的排列方向与疏密关系的表现。

03 用 touch164 绘制地面与墙面的第一层颜色，注意笔触的变化。用 touch29、144、145、76 给窗帘上色，注意笔触方向上的变化和轻重把握。

04 用 touch104、169 加深墙体的暗部，注意笔触随着形体的变化来画。用 touch107 加重窗帘的颜色，注意下笔干脆利落。用 touch140、WG1 绘制餐桌椅，加深体积感的表现。

05 用 touch8、12、56 绘制植物花卉的颜色，用 touch76、144 绘制花瓶的颜色，用 touch34、100、140 加深餐桌椅的颜色，加强空间体积感。

06 用 touchWG1 绘制地面的阴影，用 touch25 绘制地面的反光，注意笔触的变化；用 touch94 进一步加重窗帘暗部，注意笔触轻重的把握；用 touch171、179 完善门的绘制。

07 用高光笔点明亮部，调整细节；用对应的颜色完善画面，增加细节，绘制完成。

2．中式现代餐厅

中式餐厅在设计的时候充分利用其用餐的功能性，在照顾亲切氛围的大背景下，体现现代中式的时尚儒雅。

01 用墨线勾勒出轮廓，注意透视关系的把握。

02 进一步刻画画面的细节结构，用排列的线条绘制暗部与阴影，注意线条的排列方向与疏密关系的表现。

03 用 touch103 绘制木质椅子与墙面装饰的颜色，注意笔触的变化；用 touchWG1 绘制墙面的第一层颜色，注意笔触的变化和留白。

04 用 touch146、138、BG1、169、144、145 丰富墙面的颜色，用 touchBG5 压重墙面的暗部，注意笔触的轻重，不要画得太死，突显体积感。

05 用 touch34、134 绘制椅子与桌面的亮部，用 touch97 加深椅子与木质墙面装饰的暗部，注意笔触的方向的把握。用 touchCG3、145 加深桌布的暗部，注意笔触的变化。

06 用 touch37、145 绘制桌面的餐具，用 touch46、54 绘制植物的叶子，用 touch8、16、34 绘制花的颜色，用 touch144、103 绘制窗户的颜色，注意笔触的变化。

07 touch12、91 绘制画面右边的装饰墙面，注意笔触轻重的变化，用 touchCG3 绘制电视机的颜色，用 touch88、84 绘制花瓶的颜色，注意笔触方向上的把握。

08 用 touch167、42、56 绘制植物的颜色，用高光笔绘制画面的反光，用对应的颜色完善画面的细节，调整画面，完成绘制。

10.1.6 卫生间

卫浴空间是居住者最私密、最放松的场所，可以帮助人们消除疲劳，身心得到放松。
近年来，个性化的创意卫浴
设计越来越受欢迎，各种卫
浴创意产品层出不穷，功能
上满足了人们的身心需求，
外观上又体现了人们独特
的品位与气质。

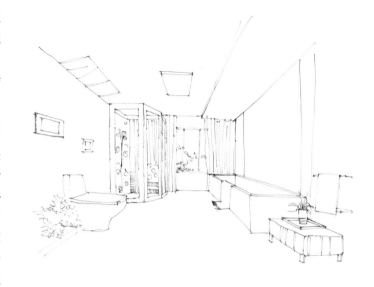

1. 现代简约风卫生间

简约不等于简单，它是
经过深思熟虑后经过创新
得出的设计，是设计师思路
的延展，不是简单的"堆砌"
和平淡的"摆放"，比如在
卫生间的颜色上就选择一
些清新淡雅的，还可以在卫
生间设计一些挂衣钩。

01 用墨线勾勒出轮廓，注意各个部分的透视关系。

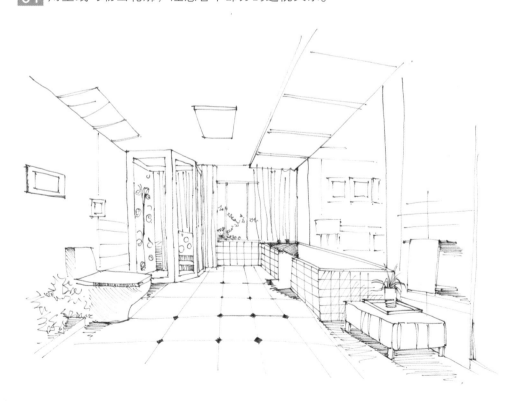

02 加深细节的刻画，增加画面的耐看性。

03 用touchWG1 和 WG5 给墙体上色，注意笔触的方向和轻重变化。用 touch75 给浴室门框上一层浅色，注意笔触和轻重的变化。用 touchBG1 和 66 给浴缸上色，注意留白，用 touch47 带一下植物的颜色。

04 用touchBG1 带一下地板的颜色，注意笔触方向上的把握。用 touch66 给玻璃上一

层浅色，注意轻重的把握，画出透明的质感。用 touchWG4 加深阴影的刻画。用 touch46
加深植物的暗部，注意笔触的变化。

05 用 touchCG6 加深暗部的刻画，注意把握笔触的方向，用 touchCG8 加深刻画。用
touchWG4 和 36 给的倒影上色，再用 touch66 给镜子带一层浅色。用 touch59 点缀画面，
完善细节。

06 用修正液点出镜子反光的部分，点缀画面。并用对应的颜色调整画面完善细节，
绘制完成。

2. 现代田园风卫生间

田园风格一直是都市人所追求的风格，现代人的快节奏的生活，让人们没有更多的时间亲近自然，所以田园风格的装修刚好符合人们的需求，人们追求高质量的生活品味，对于卫浴间的装修从未放松过，田园风格卫生间正是完美的组合。

01 用墨线勾勒出轮廓，注意透视关系的把握。

02 用排列的线条绘制画面的暗部与阴影，确定出画面大体的明暗关系，注意线条的排列方向与疏密关系的表现。

03 用 touch145 给地面与部分墙面上一层浅色，注意笔触方向上的把握；用 touch28 给浴缸与部分墙面上一层浅色，注意留白；用 touch169 绘制装饰墙面的颜色，注意笔触的变化。

04 用 touch WG3 加重浴缸与装饰墙面的颜色，注意笔触的方向；用 touch34、36、76、100 绘制窗帘与镜面的颜色，注意布质材料的表现；用 touch102、91、WG6 绘制装饰画的颜色。

05 用 touch145、CG4 绘制梳妆台的颜色，注意不要反复涂压以免画得太死；用 touch139、169、WG2 绘制凳子的颜色；用 touch34、8、100 绘制壁灯的颜色；用 touch34、36、100 丰富装饰画的颜色。

06 用touch164、46、42 绘制植物叶子的颜色，用touch8、16 绘制植物花朵的颜色，用 touch169 加重地面的阴影，注意笔触的变化。

07 用高光笔绘制画面的反光部分，点缀画面，用对应的颜色整体调整画面，完善细节，绘制完成。

10.1.7 玄关

玄关泛指厅堂的外门，也就是居室入口的已给区域。在现代家居中，玄关是开门的第一道风景，室内的一切精彩被掩藏在玄关之后，在走出玄关之前，所有短暂的想象都有可能成为现实。在住宅设计中，玄关面积虽然不大，但使用频率较高，是进出住宅的必经之处。

1. 欧式玄关

欧式风格可以分为简欧、传统欧式与北欧。其中欧式田园风格最为盛行，它在形式上以浪漫主义为基础，整个装修的风格给人一种豪华、富丽的感觉，充满强烈的动感效果。欧式风格的玄关，使人一进门就感觉到典雅、自然的氛围。

01 用墨线勾勒出轮廓，注意整体结构并把握比例关系，注意好各个物体之间的透视关系。

02 进一步刻画画面的细节结构，用排列的线条绘制暗部与阴影，注意线条的排列方向与疏密关系的表现。

03 用 touch141、WG1 绘制墙面的颜色，注意笔触的方向与轻重的把握；用 touch25 绘制地面的颜色，注意笔触的排列。

04 用 touch107、97、102 绘制木质桌子与楼梯扶手，注意笔触方向的变化与颜色的渐变。

05 用 touch97、102、99 绘制盆栽花枝条的颜色，用 touch36、8、85、14、147 绘制植物花朵的颜色，用 touch46、56、59 绘制植物叶子的颜色，注意笔触的运用。

06 用 touch139、145 绘制楼梯的颜色，用 touch36、34 绘制台灯的颜色，用 touch66、64 会制造陶瓷花瓶，注意笔触的变化。

07 用 touch169 加深远处地板的颜色，用 touch103 绘制木质墙顶，用 touchWG3 压重后面墙的颜色，增强画面的空间进深感，用黑色彩铅压重画面的整体色调，完善细节，绘制完成。

2．现代节约玄关

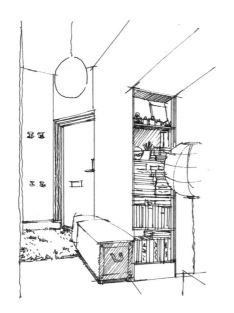

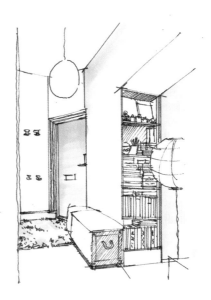

01 用墨线勾勒出轮廓，注意透视关系的把握。

02 用马克笔绘制地毯、墙体、门的基本色。

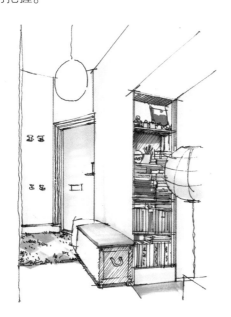

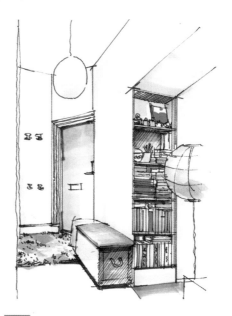

03 进一步用马克笔上色。

04 进一步上色，增加一些细节。同时加强玄关的整体明暗关系。

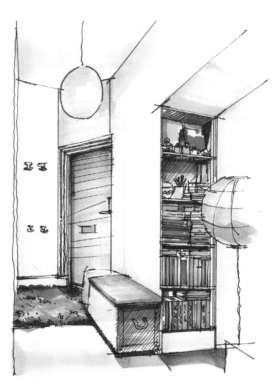

05 用 CG8 压深暗部，注意不要反复涂压以免画得太死，同时用彩铅调整画面。

06 用高光笔刻画地毯，同时用对应的颜色调整画面，完成绘制。

10.2 办公空间

办公空间具有不同于普通住宅的特点，它是由办公、会议、走廊三个区域来构成内部使用空间的功能。办公空间的最大特点就是公共化，这个空间要照顾到多个员工的审美需要和功能要求。

10.2.1 会议室

会议室是指共开会用的房间，一般房间里有一张大的会议桌作为会议之用。会议室的种类有剧院式的，茶馆式的，还有回字形，U字形的。

01 用墨线勾勒出轮廓，注意好大体的空间透视关系。

02 用 touch25 绘制地面的颜色，用 touch34、97 绘制木质墙体的颜色，注意笔触排列方向。

03 用 touch134、WG2、175 绘制装饰画的颜色，用 touch144 绘制装饰画框的颜色，用 touch169 绘制墙顶的颜色，注意笔触的变化与留白的表现。

04 用 touch136 绘制桌布的暗部颜色，用 touch25 绘制桌布的亮部颜色，用 touch107 加重墙体颜色。

05 用 touch36、144 绘制椅子的颜色，注意笔触的运用表现出布的质感，用 touch58 绘制植物与桌子上水瓶的颜色。

06 用 touch142、147 加重陶瓷装饰品与画框的颜色，用 touch16、46 绘制盆栽的颜色，用 touch41 加重椅子的暗部，用紫色系彩铅加重桌子的暗部，用黑色彩铅压重画面的整体颜色。

07 用 touchWG3 加重画面的阴影，整体调整画面，完成绘制。

10.2.2 经理办公室

经理办公室室内设计所确定的风格，选用的色调和材料，即室内整体的风格品位，也能从侧面反映机构和企业形象和个人的修养。经理办公室的设计要求结合空间性质和特点组织好办公空间的区域划分，创造出一个既富有个性又具有内在魅力的温馨办公场所。

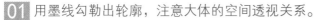 用墨线勾勒出轮廓，注意大体的空间透视关系。

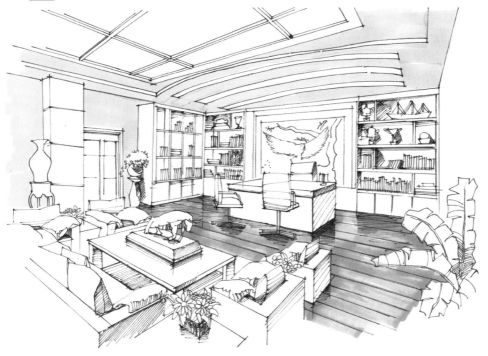

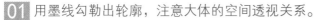 用 touch107 绘制木质地板的颜色，用 touch36 绘制墙面的颜色，注意马克笔的摆笔笔触。

03 用 touch97 绘制木质桌子与墙体的颜色，可以采用平涂的方式，用 touch140 绘制木质茶几的亮部颜色，注意桌面的反光与留白的表现。

04 用 touchWG4 绘制书架与办公椅的暗部，用 touch67、34、8、16、100 绘制书本的颜色，用 touch175、99、WG3、36 绘制装饰画的颜色，注意不要画的太死。

05 用 touch34 绘制沙发与抱枕的亮部，用 touch100 绘制沙发、抱枕与茶几上装饰品的暗部，注意笔触的变化。

06 用 touch143 绘制顶面玻璃的颜色，用褐色系彩铅压重墙体的暗部颜色，用蓝色系彩铅绘制茶几的反光色，注意颜色的渐变。

07 用 touch144 绘制陶瓷花瓶的颜色，用 touch46、164 绘制盆栽植物的颜色，注意马克笔点笔笔触的运用；整体调整画面，完成绘制。

10.3 商业空间

商业空间是人类活动最复杂最多元的空间类别之一，从广义上可以把商业空间定义为：所有与商业活动有关的空间形态；从狭义上可以定义为：当前社会商业活动中所需的空间，即实现商品交换、满足消费者需求、实现商品流通的空间环境。其实就是从狭义上理解商业空间也包含诸多的内容和设计对象，如商场内庭、餐饮店、酒店大堂、酒吧吧台、KTV 包间等。

10.3.1 商场内庭景观

本案列是商场内庭景观的马克笔表现，马克笔绘制之前的需要注意商场内庭景观的透视的准确把握，以及大面积水体的处理。同时着色时要放松大胆，注意上色规律"由浅入深"，适当留白，注意表现画面的空间感。

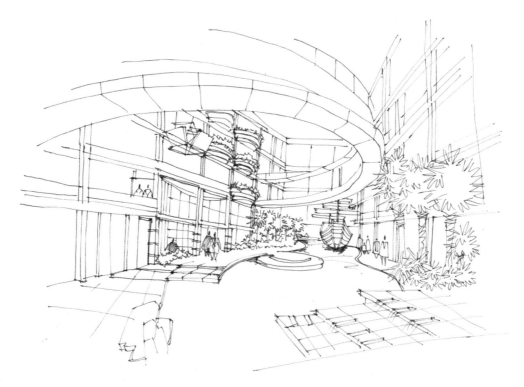

01 用墨线勾勒出轮廓。注意把握好空中走廊的透视。

02 用 touch66 给水池上色，注意笔触轻松柔和画出水流的感觉。用 touch64 加深阴影部分，同样注意笔触的应用。用 touch47 和 52 给植物上色，注意笔触的把握，画出叶子的形态。用 touch33 和 24 给装饰船体上色，注意体积感表现的把握。

03 用 touch49 给柱子上一层浅色，注意留白。用 touch75 给空中走廊和花坛上色，注意把握好轻重关系表现其体积感。

04 用touch104给商场上色，注意笔触轻重的把握，再用墨线加上人影使画面更生动活泼。

05 用touchWG4和CG3加深阴影的刻画。

06 用修正液和高光笔点缀画面，用对应的颜色完善画面，调整细节，绘制完成。

10.3.2 现代餐厅

现代餐厅有不同的设计风格，比如现代中式餐厅，现代简约餐厅，现代休闲餐厅等。现代餐厅的设计在整体感觉上要符合现代生活方式，满足现代人的需求。现代餐厅设计相对简单。

01 用墨线勾勒出轮廓，注意大体的空间透视关系与物体之间的比例关系。

02 加深细节的刻画，增加画面的耐看性，用排列的线条绘制画面的暗部，注意线条的排列方向与疏密关系的表现。

03 用touch107绘制木质天花板的颜色,用touch140绘制砖块墙面的颜色用touch136绘制椅子的颜色，用touch138绘制窗帘的颜色，注意笔触的变化。

04 用 touch93、103 加深顶棚与墙面的颜色,注意下笔快速,该压的地方压深;用 touch83、84138 绘制椅子与窗帘的暗部,注意笔触的应用;用 touch144、179 绘制窗外的景色,用 touch37 绘制桌布的亮部,注意留白关系的表现。

05 用 touch63、64 绘制桌上的杯子与花瓶,用 touch48、46、8、16 绘制植物,用 touch37 绘制灯光,用 touch41、169、104 加深桌布的暗部,注意笔触的变化。

06 用高光笔绘制亮部，点缀画面，并用touchWG5加深阴影的刻画，调整各个形体，绘制完成。

10.3.3 酒店大堂

酒店大堂实际上是门厅、总服务台、休息厅、大堂吧、楼(电)梯厅、餐饮和会议的前厅，其中最重要的是门厅和总服务台。有的酒店不设中庭或四季庭，而将大堂面积适宜扩大，特别是休息厅和大堂宜增加面积，并适当布置水池、喷泉和绿化。

01 用墨线勾勒出轮廓，注意大体的空间透视关系与物体之间的比例关系。

02 加深细节的刻画，用排列的线条绘制画面的暗部，注意线条的排列方向与疏密关系的表现。

03 用 touch104、142 绘制地面与顶棚，注意笔触变化，下笔时干脆快速；用 touch179、BG3 绘制墙顶玻璃的颜色，注意笔触的把握和留白；用 touchWG2 绘制左边窗户的颜色。

04 用 touch138、8、16、58 绘制大堂沙发，注意笔触要随着形体来把握，画出体积感；用 touch175 绘制植物叶子的颜色，用 touch37 绘制灯光与灯的颜色，用 touch107 绘制酒店前台的颜色，注意笔触的变化。

05 用 touch42 加重植物的暗部，用 touch104 加重灯光的暗部，用 touchWG3 加重地面，注意笔触方向的变化，用蓝色系与褐色系彩铅完善画面，增加细节，丰富画面内容。

06 用 touchWG5 进一步加重前面的地面，与后面形成对比，增强画面的空间进深感，用高光笔点明亮部，整体调整画面，完成绘制。

10.3.4 酒吧吧台

　　吧台是酒吧向客人提供酒水以及其他服务的工作区域，是酒吧的核心部位。吧台最初源于酒吧、网吧等带"吧"字的场所，吧台最好是由经营者自己设计，所以经营者必须了解吧台的结构。吧台一般由吧柜以及操作台组成，吧台的大小以及组成形状，也因具体条件有所不同，其样式也可以多种多样。

　　01 用墨线勾勒出轮廓，注意大体的空间透视关系与物体之间的比例关系。

02 加深细节的刻画，增加画面的耐看性，用排列的线条绘制画面的暗部，注意线条的排列方向与疏密关系的表现。

03 用 touch107 绘制木质墙体与椅子，用 touch139 绘制地面，用 touch142 绘制椅子的靠背，用 touchWG1 绘制吧台的颜色，注意笔触的方向与轻重的变化。

04 用 touchWG5、WG3 加重吧台的暗部，用 touch97 加重木质椅子的暗部，注意笔触的变化。

05 用 touch63、76、179、8、34 绘制酒瓶的颜色，注意不要画得太死，用 touchWG3 绘制酒柜的暗部，注意笔触的轻重变化。

06 用 touch97 加深木质墙面的颜色，用 touch44 丰富酒瓶的颜色，用 touchWG3 绘制画面的阴影，用褐色彩铅压重画面的整体颜色，注意笔触方向与轻重的变化。

07 用高光笔绘制画面的反光，仔细刻画细节，用对应的颜色整体调整画面，完成绘制。

10.3.5 KTV 包间

KTV 就是卡拉 OK，用于练歌娱乐，朋友聚会，家庭团聚，同学 Party，生日庆祝，一般消费都比较平民化。包间里面的装修豪华，注重各种灯光的设计。KTV 的设计理念主要是从科学化、人性化阐述设计对于人文文化的重要性。

01 用墨线勾勒出轮廓，注意大体的空间透视关系。

02 加深细节的刻画，增加画面的耐看性，用排列的线条绘制画面的暗部，注意线条的排列方向与疏密关系的表现。

03 用 touch140 绘制墙面的第一层颜色，用 touch142 绘制地面的第一层颜色，用 touch179 绘制茶几的第一层颜色，注意笔触的变化。

04 用touch45绘制茶几、沙发、墙面的灯光颜色，用touchCG3、67绘制茶几的暗部，用touch103、97加深墙面与顶棚的颜色，注意笔触方向与轻重的变化。

05 用 touch67 绘制电视机，用 touch16、34、64、46 绘制茶几上物品的颜色，注意笔触的变化。

06 用 touch102 进一步加重墙木质墙面，注意颜色的渐变；用红色系与黄色系彩铅丰富沙发的颜色；用蓝色系与紫色系彩铅丰富地面的暗部，注意笔触的方向与颜色的渐变。

07 用高光笔绘制画面的灯光亮与物体的反光，仔细刻画细节，用对应的颜色整体调整画面，完成绘制。

第 11 章

佳作赏析

前面章节中讲解了效果图的综合表现，本章主要通过客厅、书房和卧室等场景透视图，供读者临摹学习，从而更好地绘制出优秀的效果图。

范例 1

范例 2

范例 3

范例 4

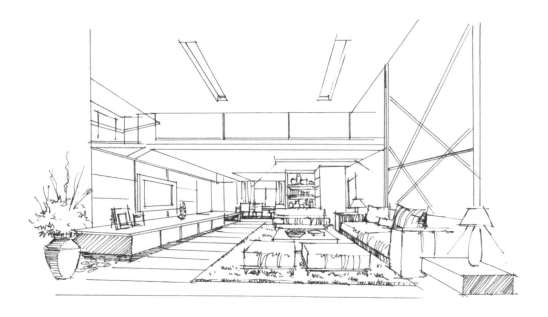

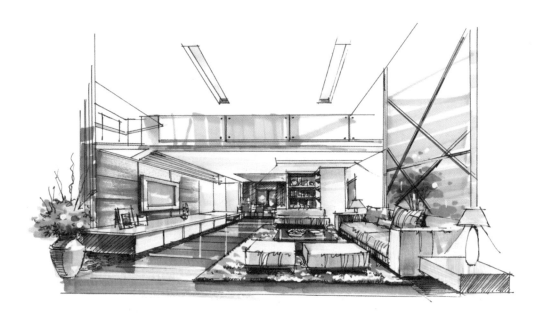

范例 5

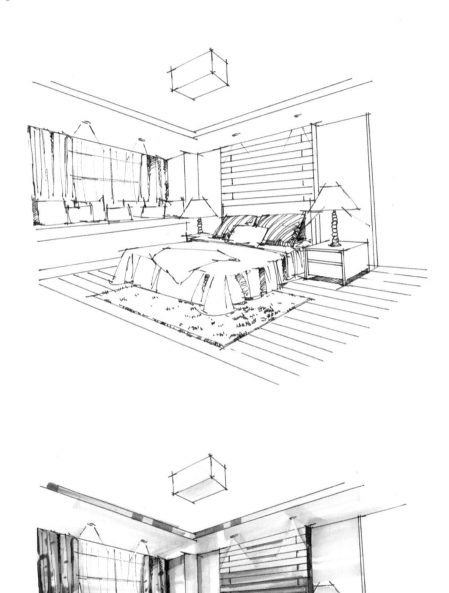

范例 6

范例 7

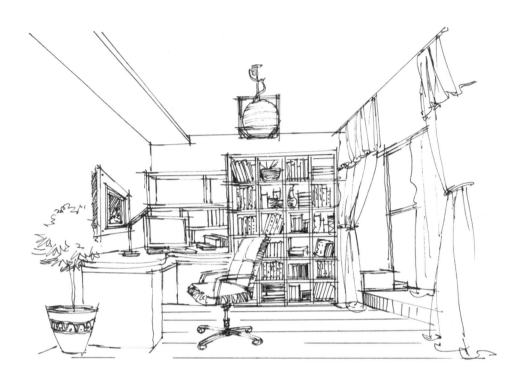

范例 8

范例 9

范例 10

范例 11

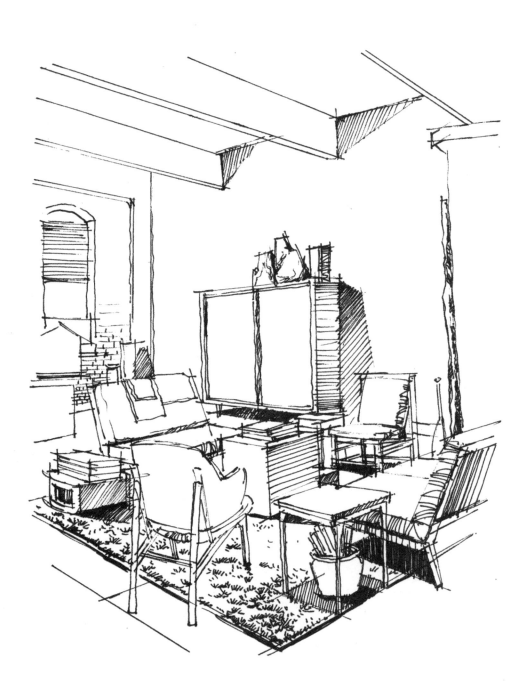

范例 12

范例 13

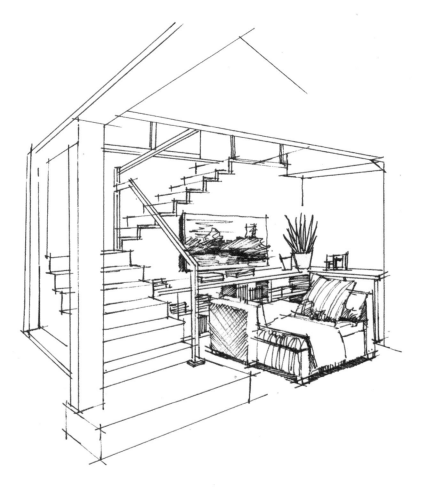